SANGEETHA G KAIMAL

PARÂMETROS DA TABELA DE VIDA DOS ÁCAROS TETRANIQUÍDEOS

SANGEETHA G KAIMAL

PARÂMETROS DA TABELA DE VIDA DOS ÁCAROS TETRANIQUÍDEOS

ScienciaScripts

Imprint
Any brand names and product names mentioned in this book are subject to trademark, brand or patent protection and are trademarks or registered trademarks of their respective holders. The use of brand names, product names, common names, trade names, product descriptions etc. even without a particular marking in this work is in no way to be construed to mean that such names may be regarded as unrestricted in respect of trademark and brand protection legislation and could thus be used by anyone.

Cover image: www.ingimage.com

This book is a translation from the original published under ISBN 978-620-7-65472-7.

Publisher:
Sciencia Scripts
is a trademark of
Dodo Books Indian Ocean Ltd. and OmniScriptum S.R.L publishing group

120 High Road, East Finchley, London, N2 9ED, United Kingdom
Str. Armeneasca 28/1, office 1, Chisinau MD-2012, Republic of Moldova, Europe
Managing Directors: Ieva Konstantinova, Victoria Ursu
info@omniscriptum.com

Printed at: see last page
ISBN: 978-620-8-51795-3

ÍNDICE

INTRODUÇÃO

A acarologia, o estudo dos ácaros e carraças, ganhou muita importância no círculo científico devido ao seu significado nos domínios da agricultura, horticultura, floricultura, criação de animais, silvicultura, medicina e veterinária, ciência forense, etc. Os ácaros possuem uma capacidade de adaptação suprema para sobreviver em situações ecológicas extremamente diversas, como as zonas bentónicas dos oceanos, as condições hostis das grutas, as temperaturas negativas dos árcticos e as águas quentes das fontes termais. Esta capacidade de adaptação excecionalmente elevada dos ácaros elevou-os à categoria de habitantes bem sucedidos do solo, do ar, da água, dos animais e das plantas.

Os Acari ancestrais representavam um conjunto conservador de omnívoros que provinham de uma classe predadora de Artrópodes, os Arachnida. O conjunto é agora representado por um grupo maravilhosamente heterogéneo com modos de vida fitófagos, parasitários, fóricos, predadores, necrófagos e comensalistas. Enquanto espécies invasoras, os ácaros são potencialmente nocivos e destrutivos, sobretudo porque são demasiado pequenos e difíceis de detetar e, ao mesmo tempo, omnipresentes. Quando se estabelecem numa nova área, certas caraterísticas biológicas inerentes aos organismos assumem o controlo, tornando-os pragas altamente destrutivas para as culturas e o gado. Devido ao seu tamanho microscópico e ao seu comportamento críptico, os ácaros são geralmente ignorados pelo homem do campo e os danos por eles causados são geralmente avaliados com base na sua reação alimentar. O estudo dos ácaros está a ganhar importância a nível universal devido ao seu papel benéfico ou prejudicial.

Os ácaros que se alimentam de plantas causam vários tipos de danos diretos, como a perda de clorofila, o aparecimento de estrias ou bronzeamento da folhagem, o atraso do crescimento, a formação de galhas e manchas eríneas, provocando assim uma série de deformações e a redução do rendimento. Para além dos danos diretos, sabe-se que muitos deles actuam como vectores de vírus patogénicos para as plantas, causando mais perdas potenciais aos produtores. Nos últimos anos, devido à utilização aleatória de hidrocarbonetos clorados para o controlo de parasitas gerais, que, por sua vez, matam os seus inimigos naturais, e devido à adoção de melhores práticas de cultivo, muitas espécies que, no passado, eram de menor importância ou não tinham qualquer valor, assumiram o estatuto de parasitas importantes. As alterações drásticas das condições ambientais também contribuíram para a rápida acumulação de populações de ácaros, que ultrapassaram os limiares económicos, atribuindo-lhes assim o rótulo de "pragas". Estes, entre outros factores, agravaram ainda mais a situação do problema dos ácaros como pragas.

Os produtos hortícolas constituem um dos grupos de plantas mais importantes entre as culturas agrícolas susceptíveis à infestação por ácaros. Sabe-se que um bom número de ácaros infesta as plantas hortícolas em todo o mundo. Os principais grupos de ácaros fitófagos reconhecidos até à data pertencem geralmente às superfamílias Tetranychoidea (ácaros aranha, ácaros planos), Tarsonemoidea (ácaros largos, ácaros Cyclamen, ácaros brancos da relva, ácaros brancos do arroz) e Eriophyoidea (ácaros da galha, ácaros da ferrugem, ácaros do rebento). O ácaro branco do arroz danifica a superfície interna das bainhas das folhas e provoca a esterilidade das sementes de arroz, transmitindo o fungo da podridão da bainha do arroz e um organismo semelhante ao micoplasma. O ácaro da ferrugem provoca um enrolamento extenso dos bordos e a ferrugem das flores e das folhas. Os danos causados pela alimentação dos ácaros planos resultam em sintomas como clorose, necrose e estriação das superfícies dos frutos, formação de galhas e malformação dos frutos. A gravidade dos danos aumenta quando estes ácaros estão associados a vírus como o vírus da leprose dos citrinos.

A superfamília Tetranychoidea compreende um grupo exclusivamente fitófago caracterizado por quelíceras longas, semelhantes a agulhas, fundidas basalmente, e está dividida em 5 famílias distintas: Tetranychidae (ácaros-aranha), Tenuipalpidae (falsos ácaros-aranha ou ácaros planos), Tuckerellidae, Allochaetophoridae e Linotetranidae (falsos ácaros-aranha crípticos). Os Tetranychidae e Tenuipalpidae incluem a maioria das espécies que têm uma importância económica considerável. Tetranychidae, criada por Donnadieu em 1975, é considerada uma das famílias mais importantes de Acari, representada por membros que são pragas importantes de culturas agrícolas e outras plantas de utilização económica variada, devido à sua diversidade faunística e ao grau de danos causados às suas plantas hospedeiras devido ao seu hábito fitófago. Até à data, foram descritas pelo menos 1233 espécies pertencentes a 2 subfamílias e 73 géneros.

Os ácaros tetraniquídeos são designados por ácaros-aranha devido à sua capacidade de fiar a seda para formar a teia de fixação dos ovos, proteção ou transferência feromonal. Os fios de seda, produzidos a partir de um par de glândulas perto da boca, ajudam na dispersão, permitindo que os ácaros passem das folhas infestadas para as não infestadas. Quando abundante, a seda também pode proteger os ácaros das pulverizações de pesticidas. Os ácaros bizarros são caracterizados por um estilóforo eversível formado pela fusão das bases quelicerais, palpos de 4 segmentos com uma garra forte, propodossoma com 3-4 pares de cerdas e histerossoma com 8-13 pares de cerdas, cerdas duplex nos tarsos das pernas I e II, pêlos tenazes nas garras do tarso, empódio em forma de garra ou de almofada, corpos moles de forma redonda a oval, rugas caraterísticas e cores variadas que vão do vermelho, castanho, amarelo a combinações de qualquer uma destas cores, dependendo da espécie e da fase de vida. A depedaça do macho é caraterística da família e constitui o elemento de diagnóstico para a separação das espécies. A história de vida inclui uma fase de ovo, uma fase larvar com seis patas, duas fases ninfais com oito patas (protoninfa e deutoninfa) e três fases quiescentes intermédias, antes de se transformarem num adulto com oito patas. Em condições óptimas, os ácaros podem completar o seu desenvolvimento de ovo a adulto num curto espaço de tempo, pelo que pode haver muitas gerações sobrepostas numa única estação. Por conseguinte, as populações podem aumentar rapidamente e causar grandes danos às plantas num período de tempo muito curto.

As peças bucais em forma de agulha dos ácaros ajudam a perfurar as folhas das plantas hospedeiras e a sugar os fluidos das células individuais das plantas. Normalmente, as folhas controlam a perda de água através de um sistema de estomas ou válvulas que podem ser abertos e fechados. Quando os estomas estão fechados, a superfície de uma folha é altamente resistente à perda de água. A alimentação dos ácaros perturba este sistema, criando buracos que permitem a saída de água. Esta perda descontrolada de água acaba por desidratar a folha. Ironicamente, o stress hídrico causado pela alimentação dos ácaros torna as folhas uma fonte de alimento mais preferida para eles, porque as folhas stressadas têm níveis elevados de açúcares e de azoto solúvel. Assim, a infestação pelo ácaro continua e isto faz com que as folhas tenham um aspeto pontilhado ou manchado, com pontos pálidos onde o conteúdo celular foi removido. Infestações prolongadas e intensas causam amarelecimento ou bronzeamento da folhagem e queda prematura das folhas, semelhante ao stress hídrico. As plantas gravemente infestadas podem tornar-se raquíticas ou mesmo morrer. A maioria dos ácaros danifica regularmente espécies de plantas economicamente importantes.

O ácaro das duas pintas, *Tetranychus urticae*, é o ácaro mais comum e destrutivo das plantas ornamentais de folha caduca. Tem uma gama de hospedeiros extremamente vasta e é considerado um ácaro da "estação quente", que se desenvolve em condições de verão quentes e secas. O ácaro vermelho europeu, *Panonychus ulmi*, é outro ácaro da "estação quente" que ataca árvores de fruto e arbustos floridos. O ácaro da aranha do abeto, *Oligonychus ununguis*, conhecido como ácaro da "estação fria", alimenta-se de mais de 40 espécies de coníferas. Uma alimentação prolongada provoca amarelecimento, acastanhamento e queda prematura das agulhas, muitas vezes com origem no interior da copa. Ataques intensos podem causar a morte dos ramos ou a morte da planta. O ácaro-aranha mais comum e destrutivo nas árvores de folha larga é o ácaro vermelho do sul, *O. ilicis*, que causa pontilhado, acastanhamento, distorção ocasional e queda prematura das folhas.

O Eutetranychus orientalis, uma praga grave de uma grande variedade de plantas agrícolas, ornamentais e medicinais, suga geralmente a seiva das folhas, dos rebentos tenros, da casca e dos frutos, tornando-os castanhos amarelados, provocando a secagem e a abscisão prematura das folhas. Os ácaros infestam frequentemente a superfície superior das folhas cobertas por teias pesadas com partículas de poeira aderentes. A colonização por estes ácaros afecta as actividades fisiológicas normais da planta hospedeira, retardando assim o crescimento e o vigor da planta.

As variedades de citrinos foram consideradas mais susceptíveis ao ácaro, daí a designação ácaro castanho dos citrinos.

Sendo uma praga importante na Índia, o ácaro dos vegetais, *T. neocaledonicus*, tem uma vasta gama de distribuição nas zonas tropicais e subtropicais e ataca mais de 110 plantas diferentes, incluindo flores, frutos, produtos hortícolas, culturas arvenses, culturas forrageiras, etc. As plantas hospedeiras do ácaro vegetal de importância económica incluem *Amaranthus tricolor*, *Vigna unguiculata,* feijão verde, alface, manga, melancia e as plantas ornamentais Crisântemo e Hibisco. *O T. neocaledonicus* suga a seiva das células das plantas, produzindo manchas brancas que se vão juntando à medida que a alimentação prossegue. Em algumas plantas, as partes danificadas das folhas tornam-se vermelhas. Uma alimentação excessiva provoca a abscisão prematura das folhas. Como qualquer outro ácaro, esta espécie também produz teias que formam uma bainha espessa que cobre toda a planta. Nas plantas hospedeiras, como a laranja e outras variedades de citrinos, a alimentação por esta espécie resulta no desenvolvimento de manchas amarelas.

T. cinnabarinus é mais uma praga vegetal que ataca produtos hortícolas, frutos, leguminosas, algodão, juta, chá, etc. A alimentação do ácaro carmim nas plantas hospedeiras resulta no amarelecimento, enrugamento, amassamento, enrolamento e torção das folhas. Além disso, tecem teias pesadas nas folhas que afectam a taxa fotossintética das plantas. Eventualmente, as folhas secam e caem. Além disso, a alimentação por este ácaro afecta gravemente o crescimento, a floração e a formação de frutos nas culturas. No chá, as folhas tornam-se rosadas e arroxeadas. Na juta e no algodão, provoca a malformação das folhas. Uma infestação severa na maçã resultou em amarelecimento e abscisão prematura das folhas.

O T. ludeni, como qualquer outro ácaro tetraniquídeo, provoca o amarelecimento das folhas, seguido da formação de manchas necróticas e da secagem. É uma das pragas de ácaros mais importantes das culturas hortícolas na Índia, tendo sido registada a sua presença no feijão francês, na couve-galega, na batata, na melancia e em muitas outras culturas. Sendo um ácaro altamente polífago, *T. ludeni* ocorre no campo quase todo o ano. Além disso, este é o único ácaro na Índia que se sabe ser um vetor da doença viral das plantas, o vírus do mosaico de Dolichos Enation (DEMV) (Rajagopalan, 1974).

A espécie de ácaro *O. biharensis* é uma praga esporádica das culturas hortícolas, da rosa, da lichia, da cânfora, etc. A alimentação deste ácaro provoca numerosas manchas brancas e um bronzeado escuro caraterístico na superfície da folha. Uma infestação grave e uma alimentação prolongada provocam o enrugamento, a secagem subsequente e a desfolha das folhas afectadas. O ataque destes ácaros afecta normalmente o crescimento e o vigor das plantas hospedeiras.

Em muitos casos, a falta de informação sobre a identidade correta dos ácaros, a sua biologia e ecologia teve consequências graves para a agricultura. Tendo em conta a sua importância na agricultura, os ácaros fitófagos têm atraído a atenção de acarologistas e entomologistas agrícolas para trabalharem em pormenor tanto nos seus aspectos fundamentais como nos aplicados. A maior parte dos ácaros fitófagos foram reconhecidos como pragas de várias plantas cultivadas, causando danos internos nas células do mesófilo que resultam na perda de clorofila e na diminuição da atividade fotossintética, em paralelo com a diminuição da condutância estomática e da transpiração, o que leva a uma perda considerável de rendimento. Este facto deve ser seriamente considerado, em especial nos países em desenvolvimento como a Índia, que depende grandemente da economia agrícola. Em Kerala, a subsistência de mais de 50% da população baseia-se na agricultura. A este respeito, o presente trabalho é considerado altamente justificado, uma vez que é uma tentativa de fornecer um conhecimento geral sobre as estratégias de desenvolvimento de algumas pragas importantes das plantas de acarina que ajudariam a prever o surto destas pragas perigosas. Assim, o presente estudo inclui uma investigação pormenorizada dos aspectos de reprodução de 5 espécies muito comuns de ácaros sob diferentes parâmetros de temperatura e humidade, a fim de complementar os dados sobre as condições óptimas para o desenvolvimento da população destas espécies. As várias espécies selecionadas para o estudo foram o ácaro vegetal, *T. neocaledonicus* em *Amaranthus tricolor* & *Vigna unguiculata*; *T. ludeni* em *Mucuna deeringiana*; o ácaro carmim, *T. cinnabarinus* em *Carica papaya* & *Dolichos lablab*; e os parâmetros de temperatura-humidade foram 25 + 2oC & 80 + 5% RH, 30 + 2oC & 70 + 5% RH e 35 + 2oC & 60 + 5% RH. Além disso, o potencial de danos destas espécies foi também estimado através da avaliação da perda de clorofila e subsequente análise de dados por métodos estatísticos e estimativa dos danos induzidos.

PARÂMETROS DA TABELA DE VIDA DOS ÁCAROS TETRANIQUÍDEOS

A. BIOLOGIA DA ALIMENTAÇÃO

1. Natureza da infestação por *T. neocaledonicus*

A distribuição de *T. neocaledonicus* em *V. unguiculata* e *A. tricolor* forneceu amplas provas da infestação de ácaros nas folhas maduras. Os resultados da observação no terreno mostraram uma tendência geral do ácaro para colonizar as folhas maduras da planta hospedeira, deixando o caule e outras partes. Na lâmina foliar, *o T. neocaledonicus* preferiu a superfície inferior, onde se encontrou reunido principalmente ao longo das regiões adjacentes da nervura central e das nervuras das folhas. Os estágios de desenvolvimento, durante a superpopulação, mostraram uma tendência a colonizar áreas isoladas disponíveis nas folhas, onde havia intensa formação de teias.

1.1. Atividade alimentar de *T. neocaledonicus*

Os resultados da observação microscópica dos hábitos alimentares de *T. neocaledonicus* permitiram compreender o mecanismo de alimentação dos indivíduos, bem como o início e a progressão dos danos nas plantas hospedeiras. A alimentação foi iniciada pelos ácaros adultos (machos e fêmeas), que colonizaram a superfície inferior da lâmina foliar. Enquanto se alimentavam, os indivíduos penetravam na camada epidérmica da folha com os seus estiletes e sugavam o conteúdo celular. A atividade de alimentação num determinado ponto durou um curto período de 1 a 2 minutos. Os estiletes eram então retraídos e os indivíduos deslocavam-se ao acaso para selecionar novos locais de alimentação. Em alturas em que a densidade populacional era elevada, os indivíduos alimentavam-se em grupos. Por vezes, quando a densidade populacional atingia o nível máximo, os indivíduos deslocavam-se prontamente para a superfície superior da folha e iniciavam a atividade alimentar. Como resultado da ação de sucção, os cloroplastos foram destruídos e as células do mesofilo e as células da camada paliçada também foram destruídas. As perfurações dos estiletes foram formadas em série, geralmente de forma circular, o que levou à formação de pequenas manchas cloróticas primárias. A alimentação progressiva conduziu frequentemente à formação de manchas irregulares, devido à integração das manchas primárias, que, em caso de exposição prolongada, se tornam brancas, amareladas ou acinzentadas. Para além das fases de vida, a superfície da folha também foi caracterizada pela presença de teias intensas dos ácaros. A alimentação foi seguida pela deposição de grânulos fecais ao acaso, sob a forma de pequenos grânulos pretos e violetas, respetivamente, em *V. unguiculata* e *A. tricolor*, presos à teia. Concomitantemente com a alimentação, as fêmeas também iniciaram a atividade reprodutiva, que foi marcada pela deposição de ovos. Estes ovos encontravam-se protegidos por um revestimento ceroso produzido pelas fêmeas, que ajudava a manter as caixas de ovos nos locais de deposição, mesmo após a emergência da larva. As larvas e as fases ninfais subsequentes iniciaram frequentemente a sua quiescência, pelo que as peles em muda permaneceram aderentes à superfície da folha. Estas inúmeras caixas de ovos, exúvias, pelotas fecais e as teias facilitaram ainda mais a acumulação de partículas de poeira na superfície da folha. Eventualmente, todas estas partículas juntas formaram um revestimento mais ou menos espesso sobre a superfície da folha.

1.2. Sintomas de danos induzidos por *T. neocaledonicus*

Os sintomas de lesão produzidos por *T. neocaledonicus* nas folhas de *V. unguiculata* e *A. tricolor* eram microscópicos na fase inicial e marcados pelo aparecimento de manchas brancas nos pontos de sucção da seiva das células da planta. Simultaneamente, a alimentação extensiva dos membros da colónia resultou na formação de um número incontável de tais manchas, que se aglutinaram levando a uma clorose aguda das folhas. O exame microscópico destas folhas durante as fases avançadas da infestação revelou a presença de um grande número de adultos, de pelotas fecais, de caixas de ovos e de exúvias. Os sintomas eram bastante claros nesta fase, quando os ácaros começaram a migrar para as folhas frescas a partir das folhas despigmentadas, que acabaram por cair por murchamento e abscisão prematura. Como resultado, tanto o crescimento vegetativo como a floração da planta foram minimizados.

1.3. Estimativa quantitativa do teor de clorofila

Para avaliar os danos causados à planta hospedeira pela infestação do ácaro vegetal, estimou-se a perda do teor de clorofila das folhas. Os dados quantitativos relativos à quantidade de clorofila 'a' e 'b' presente nas folhas experimentais e de controlo foram apresentados no quadro. Conforme representado no quadro, foi observada uma redução acentuada no teor de clorofila das folhas infestadas, uma vez que as quantidades de clorofila 'a' e 'b' sofreram uma perda substancial devido à alimentação intensa do ácaro. Como se pode ver no quadro, a perda de clorofila a e b foi de 3,40 + 0,23 e 3,37 + 0,25 mg/gm de tecido, respetivamente. A perda percentual parece ser de 47,58 + 2,1 % e 48,30

+ 2,2 %, respetivamente, para a clorofila "a" e "b". A análise estatística dos dados mostrou que os resultados eram significativos ($p < 0,01$).

1.4. Estimativa quantitativa do teor de fenóis

Uma tentativa preliminar de estimar o teor de fenóis de amostras de folhas experimentais e de controlo de *V. unguiculata* revelou um aumento dos fenóis totais após a infestação por *T. neocaledonicus*. Foi registado um aumento de cerca de 2 - 2,5 mg de fenol/100 g de material vegetal.

2. Natureza da infestação por T. ludeni

A observação da infestação de *T. ludeni* em *M. deeringiana* mostrou um aumento progressivo da população na superfície superior das folhas. Também foi notada uma tendência gradual de migração para a lâmina foliar inferior com o avanço do crescimento populacional a taxas elevadas.

2.1. Atividade alimentar de *T. ludeni*

A atividade alimentar de *T. ludeni* começou logo após uma colonização bem sucedida em folhas frescas de *M. deeringiana*. O modo de alimentação desta espécie foi semelhante ao explicado anteriormente para *T. neocaledonicus*. Mas os sintomas do ataque desta espécie eram perceptíveis mesmo na fase inicial da infestação. A observação microscópica das folhas infestadas revelou a presença de indivíduos que se alimentam ativamente, muitas vezes em grupos isolados. As formas larvares e ninfais também foram encontradas a perfurar os seus estiletes até aos pecíolos das folhas para sugar os fluidos dos tecidos. Nesta fase, as folhas albergavam frequentemente ovos, juvenis, adultos, grandes massas de matéria fecal e peles em muda.

T. ludeni produziu dois tipos de matéria fecal que foram encontrados dispersos entre as teias de seda ou ocasionalmente depositados em grupos na superfície da folha. A matéria fecal era transparente e globular com um núcleo central formado por pequenos grânulos brancos ou pretos compactamente colados. As massas de grânulos brancos cremosos foram produzidas em abundância antes das massas de grânulos pretos. No entanto, o número de grânulos num grânulo branco era inferior a 10, enquanto que no caso dos grânulos pretos era superior a 75. A matéria fecal manteve a sua natureza intacta durante alguns segundos, após os quais colapsou ou encolheu logo após a deposição. Os grânulos brancos logo se tornaram imperceptíveis com o perecimento da cobertura externa e foram vistos como estruturas irregulares na teia. Mas os grânulos pretos permaneceram visíveis mesmo após o colapso da cobertura exterior.

A estrutura da colónia, tal como reflectida no presente estudo, era altamente complexa e conseguida através da formação de teias de seda pelos indivíduos. Os estádios larvares e ninfais igualaram os adultos na produção de secreções sedosas. A secreção era descarregada do ápice palpal que, ao endurecer, atingia o estado de fios de seda. *T. ludeni* construiu frequentemente uma rede compacta de fios brancos sobre a superfície das folhas através de movimentos e secreções aleatórios. Em caso de infestação intensa, os fios de teia estendem-se de folha em folha e a toda a planta. Os indivíduos podiam ser vistos a deslocar-se entre as folhas através destas teias interligadas. A estrutura da colónia era, portanto, mais complicada do que a de outros representantes de tetraniquídeos estudados.

2.2. Sintomas de danos induzidos por *T. ludeni*

A análise dos sintomas de danos da espécie em *M. deeringiana* revelou o desenvolvimento de pequenas manchas etioladas irregulares na superfície da folha. A alimentação persistente resultou na sobreposição dessas manchas, levando à formação de manchas cloróticas. As folhas fortemente infestadas foram completamente privadas da sua cor verde natural e exibiram um aspeto branqueado. Eventualmente, as folhas pereceram por secagem.

2.3. Estimativa quantitativa do teor de clorofila

Como tentativa de avaliar os danos causados a *M. deeringiana* pela infestação desta espécie, estimou-se a perda do teor de clorofila das folhas. Observou-se que a redução quantitativa de clorofila 'a' e 'b' foi de 2,76 + 0,16 e 2,80 + 0,26 mg/gm de tecido, respetivamente. A perda percentual de clorofila 'a' e 'b' foi de 34,57 + 2,2 % e 43,32 + 3,3 %, respetivamente. Os resultados foram submetidos a uma análise estatística e foram considerados significativos ao nível de 1%.

3. Natureza da infestação por *T. cinnabarinus*

Contrariamente à natureza da infestação por *T. ludeni, T. cinnabarinus* mostrou uma tendência para colonizar a lâmina inferior das folhas hospedeiras de *C. papaya* e *D. lablab*, embora tenha migrado para a superfície oposta da lâmina também no início do surto populacional. Congregaram-se principalmente perto da nervura média e das nervuras principais da folha.

3.1. Atividade alimentar de *T. cinnabarinus*

O mecanismo de alimentação seguiu um padrão de sucção semelhante ao de *T. neocaledonicus* e *T. ludeni.* Os sintomas caraterísticos de danos apareceram após o estabelecimento dos indivíduos nas folhas do hospedeiro. Simultaneamente à alimentação, também se deu o desenvolvimento dos indivíduos, o que, por sua vez, resultou na produção de ovos, exúvias e um grande número de estádios de vida. A alimentação ativa resultou na produção de pelotas fecais de cor preta, que foram encontradas espalhadas na superfície da folha e emaranhadas na teia. A construção de teias foi outra caraterística observada concomitantemente com a reprodução. A produção contínua de exúvias e de matéria fecal, juntamente com a teia, levou frequentemente à acumulação de poeira e à formação de uma cobertura espessa sobre a colónia. **Sintomas de danos induzidos por *T. cinnabarinus***

A infestação inicial desta espécie foi marcada pelo aparecimento de minúsculos pontos brancos pálidos na superfície inferior da folha, que gradualmente se sobrepunham uns aos outros à medida que a alimentação continuava. Posteriormente, as folhas mudaram para uma cor amarelada, seguida de amassamento, enrolamento ou torção durante uma infestação intensa. Os indivíduos deslocam-se para a superfície superior da folha quando os sítios de alimentação na superfície inferior estão saturados. O ataque prolongado retardou o crescimento, a floração e a formação de vagens da planta.

3.2. Estimativa quantitativa do teor de clorofila

A fim de quantificar a extensão dos danos induzidos pela atividade alimentar do ácaro, o teor de clorofila das folhas infestadas foi comparado com o das folhas de controlo. Como se pode ver no quadro, a perda de quantidades de clorofila 'a' e 'b' foi de 3,29 + 0,19 e 3,12 + 0,13 mg / gm de tecido das folhas experimentais. Além disso, a estimativa da percentagem de perda de clorofila "a" e "b" foi de 41,07 + 2,1 % e 50,81 + 1,6 %, respetivamente. Os dados revelaram-se significativos ($p < 0,01$) quando analisados estatisticamente.

B. BIOLOGIA DA REPRODUÇÃO

1. Desenvolvimento pós-embrionário do ácaro vegetal, *T. neocaledonicus* Andre

1.1 Oviposição

As fêmeas adultas depositaram os ovos mais frequentemente na superfície inferior das folhas das plantas hospedeiras, A. *tricolor* e V. *unguiculata*. Foi observada uma seleção específica do local durante a oviposição. No entanto, em raros casos, os ovos foram depositados também na superfície superior. As fêmeas ovipositoras construíram uma teia de seda ao longo da nervura central e das principais nervuras laterais antes da deposição dos ovos. Esta atividade de construção de teias coincidiu também com a oviposição. Durante a oviposição, as fêmeas baixaram ligeiramente o histerossoma para expulsar o ovo. Posteriormente, a fêmea foi encontrada a afastar-se do local. Observou-se uma tendência para depositar os ovos em locais muito próximos, pelo que os ovos depositados se encontravam geralmente em colónias.

Os ovos eram lisos, redondos e de cor branca quando acabados de pôr. Com o avançar do período de incubação, observou-se uma mudança de cor para amarelo e, mais tarde, para vermelho alaranjado. No final da incubação, as manchas oculares tornaram-se proeminentes e vermelhas. No momento da eclosão, observou-se também um aumento do tamanho do ovo e uma ligeira alteração da sua forma, que passou de redonda a oval.

O período de pré-oviposição, ou seja, o período anterior ao início da atividade de oviposição, foi registado como sendo de 2,57 + 0,04 dias a 25 + 2° C & 80 + 5% RH, 1,6 + 0,01 dias a 30 + 2° C & 70 + 5% RH e 1,25 + 0,08 dias a 35 + 2° C & 60 +5% RH em *A. tricolor.* Enquanto que as suas respectivas durações em *V. unguiculata* foram 2,62 + 0,04, 1,8 + 0,08 e 1,42 + 0,07 dias. A atividade de oviposição, portanto, foi iniciada a partir do 2nd ou 3rd dia da emergência dos adultos. Os períodos de oviposição observados em *A. tricolor* foram de 9,1 + 0,23 dias, 7,5 + 0,17 dias e 7,45 + 0,16 dias e em *V. unguiculata*, 9,7 + 0,15 dias, 7,05 + 0,22 dias e 8,1 + 0,07 dias, respetivamente, para as condições de temperatura-umidade *viz*, 25 + 2° C & 80 + 5% RH, 30 + 2° C & 70 + 5% RH e 35 + 2° C & 60 + 5% RH. Os períodos de pós-oviposição que se seguiram à oviposição em *A. tricolor* para as três combinações de temperatura e humidade acima referidas foram de 2,3 + 0,29 dias, 2,4 + 0,16 dias e 2,2 + 0,08 dias, respetivamente, enquanto que em *V. unguiculata* foram de 3,0 + 0 dias, 2,6 + 0,14 dias e 2,2 + 0,11 dias, respetivamente. Durante este período, a fêmea adulta tornou-se inativa e letárgica. A atividade de alimentação foi reduzida ao mínimo. O período pós-oviposição foi seguido pela morte dos indivíduos. As durações em *A. tricolor* foram registadas como sendo comparativamente mais baixas do que as registadas em *V. unguiculata.*

A fecundidade ou o número de ovos postos por uma fêmea grávida *de T. neocaledonicus* durante o seu tempo de vida foi mínima durante os dias 1st e 2nd de oviposição em *A. tricolor*, bem como em *V. unguiculata*, em condições laboratoriais. No entanto, foi observado um aumento subsequente, mas gradual, a partir do dia 3rd até atingir o seu nível máximo no dia 4th ou 5th de oviposição. Um declínio a partir do dia 5th ou 6th , atingindo um mínimo no final da oviposição, foi uma tendência comummente observada em ambas as plantas hospedeiras estudadas. Para as condições de temperatura-humidade *viz*, 25 + 2oC & 80 + 5% RH, 30 + 2oC & 70 + 5% RH e 35 + 2oC & 60 + 5% RH, a fecundidade em *A. tricolor* registada foi de 27,6 + 1,7 (acasalada - 32,0 + 1.2 & Virgem - 23.2 + 1.1), 34.5 + 1.5 (Acasalado - 38.0 + 1.8 & Virgem - 31.0 + 0.7) e 41.8 + 1.4 (Acasalado - 45.4 + 0.9 & Virgem - 38.2 + 1.1) respetivamente. Em *V. unguiculata*, a gama de fecundidade respectiva foi observada como sendo 31,2 + 1,5 (acasalado - 35,2 + 1,1 & virgem - 27,2 + 0,9), 43,7 + 1,3 (acasalado - 46,8 +& virgem - 40,6 + 1,0) e 48,7 + 1,6 (acasalado -

52,6 + 1,1 & virgem - 44,8 + 1,6 para as três condições de temperatura-humidade estudadas.

A longevidade ou o tempo de vida do ácaro em *A. tricolor* foi de 14,0 + 0,36 dias (acasalado - 13,0 + 0,2 dias & virgem - 14,9 + 0,2 dias), 11,5 + 0,26 dias (acasalado - 11,3 + 0,3 dias & virgem - 11.7 + 0.4 dias) e 10.9 + 0.18 dias (acasalado - 10.6 + 0.2 dias & virgem - 11.2 + 0.2 dias) a 25 + 2oC & 80 + 5% RH, 30 + 2oC & 70 + 5% RH e 35 + 2oC & 60 + 5% RH respetivamente. Enquanto que em *V. unguiculata*, as durações para as condições de temperatura-humidade analisadas foram respetivamente 15,3 + 0,15 dias (acasalado - 15,4 + 0,2 dias & virgem -15,2 + 0,2 dias), 11,4 + 0,3 dias (acasalado - 11,7 + 0,4 dias & virgem - 11,2 + 0,4 dias) e 11,7 + 0,18 dias (acasalado - 11,6 + 0,2 dias & virgem - 11,8 + 0,3 dias). O ácaro sobreviveu mais tempo em *V. unguiculata* do que em *A. tricolor*, como observado durante o presente estudo.

1.1 Incubação

O início da eclosão foi marcado por um aumento do tamanho do ovo. Posteriormente, o ovo assumiu uma forma ovoide. Estas alterações foram observadas no final do 4th ao 5th dia de incubação em *A. tricolor* e no final do 3rd ao 5th dia de incubação em *V. unguiculata.* Em breve, surgiu uma fenda transversal perto da região apical do ovo, que se prolongou para ambos os lados, seguida dos movimentos de impulsão da larva. A ação de impulsão do propodossoma e os movimentos dos segmentos basais das patas ajudaram a larva a sair da casca do ovo. As caixas de ovos descartadas, constituídas por uma metade anterior intacta e uma metade posterior danificada, podem ser vistas distribuídas nas superfícies das folhas infestadas. O processo de eclosão demorou 15-20 minutos em todas as condições de temperatura e humidade e em todas as plantas hospedeiras estudadas.

1.2 Duração das fases de desenvolvimento:

1.2.1 Período de incubação

O período de incubação apresentou uma ligeira variação em função das plantas hospedeiras e das alterações das condições de temperatura e humidade e das plantas hospedeiras. O período de incubação de *T. neocaledonicus* em *A. tricolor* a 25 + 2° C & 80 + 5% RH, 30 + 2° C & 70 + 5% RH e 35 + 2° C & 60 +5% RH foi registado como sendo de 5,17 + 0,11, 4,44 + 0,08 e 4,25 + 0,07 dias, respetivamente. Em *V. unguiculata*, *T. neocaledonicus* levou comparativamente menos tempo para completar o seu período de incubação, que foi registado respetivamente como 4,58 + 0,03, 3,17 + 0,07 e 3,56 + 0,06 dias para as diferentes combinações de temperatura - humidade estudadas.

1.2.2 Período larvar

A larva recém-eclodida era pequena, hexápode, de cor branca e desprovida de pigmentação. Permaneceu imóvel durante um curto período de tempo após a eclosão e depois começou a alimentar-se. Enquanto se alimentava, a larva introduzia os seus estiletes no tecido da folha e sugava ativamente o fluido do tecido. medida que a alimentação prosseguia, notou-se uma mudança de cor para amarelo pálido e, mais tarde, para verde claro. O período ativo da larva em *A. tricolor* durou 3,14 + 0,09, 2,56 + 0,03 e 2,29 + 0,07 dias, respetivamente, a 25 + 2° C & 80 + 5% RH, 30 + 2° C & 70 + 5% RH e 35 + 2° C & 60 + 5% RH. Em *V. unguiculata*, as durações do período larvar foram de 2,4 + 0,06, 1,9 + 0,05 e 2,42 + 0,03 dias para as condições de temperatura-humidade *viz.*, 30 + 2° C & 70 + 5% RH e 35 + 2° C & 60 +5% RH, respetivamente.

1.2.3 Período protonimal

A protoninfa era maior do que a larva e tinha oito pares de patas. Tinha uma cor verde amarelada pálida e era mais ativa do que a larva. Pouco depois de emergir, a protoninfa começou a alimentar-se, o que fez com que a cor verde amarelada pálida mudasse para verde brilhante. A duração do período protoninfa em *A. tricolor* a 25 + 2° C & 80 + 5% RH foi registada como 2.62+0.04 dias, a 30 + 2° C & 70 + 5% RH, 2.35 + 0.06

dias e a 35 + 2° C & 60 + 5% RH, 2.14 + 0.04 dias. O período ativo da protoninfa em *V. unguiculata* estendeu-se por 2,1 + 0,05 dias a 25 + 2° C & 80 + 5% RH, 1,6 + 0,04 dias a 30 + 2° C & 70 + 5% RH e 1,54 + 0,04 dias a 35 + 2oC & 60 + 5% RH. O período de atividade protoninfa foi seguido de quiescência e subsequente muda para a fase deutoninfa.

1.2.4 Período deuteronómico

O deutoninfo ou o último instar era maior em tamanho e assemelhava-se muito ao adulto. As fêmeas e os machos deutoninfas podem ser claramente distinguidos pela forma do histerossoma, que é mais largo nas primeiras e mais estreito nos segundos. A atividade alimentar era seguida de quiescência e de muda, como nas fases anteriores. A duração da vida deutoninfa ativa em *A. tricolor* foi completada em 2,89 + 0,04 dias, 2,52 + 0,02 dias e 2,5 + 0 dias a 25 + 2° C & 80 + 5% HR, 30 + 2° C & 70 + 5% HR e 35 + 2° C & 60 + 5% HR, respetivamente. Enquanto as durações em *V. unguiculata* mostraram um ligeiro declínio até 2,6 + 0,03 dias, 2,04 +0,03 dias e 2,06 + 0,03 dias, respetivamente, nas 3 condições de temperatura-humidade estudadas.

1.2.5 Períodos de repouso

Foi observado um período de atividade zero ou quiescência na vida de *T. neocaledonicus* no final do período ativo de cada fase de desenvolvimento. Durante este período, o indivíduo deixou de se alimentar e de realizar outras actividades vitais visíveis, tornou-se letárgico e selecionou uma área isolada para entrar numa fase inativa denominada fase de quiescência. Durante a fase de quiescência, todas as patas foram retiradas para baixo do histerossoma e o indivíduo apresentava uma forma ovoide. Após algumas horas, o corpo tornou-se brilhante e túrgido. Antes da muda, a cutícula tornou-se transparente. Na história de vida de *T. neocaledonicus*, foram observadas três fases quiescentes, conhecidas como primeira, segunda e terceira quiescência, cada uma no final das fases de larva ativa, protoninfa e deutoninfa, respetivamente. Em *A. tricolor*, as fases de quiescência I^{st} , IInd e IIIrd demoraram cerca de 1 dia, 0,6 dia e 0,5 dia a terminar a 25 + 2° C & 80 + 5% HR, 30 + 2° C & 70 + 5% HR e 35 + 2° C & 60 + 5% HR, respetivamente. A duração das três fases de quiescência em *V. unguiculata* foi de 1 dia a 25 + 2° C & 80 + 5% RH e 0,5 dia a 30 + 2° C & 70 + 5% RH e 35 + 2° C & 60 + 5% RH, respetivamente. Assim, o período de quiescência também não mostrou muita variação em diferentes hospedeiros e temperaturas-umidades.

1.2.6 Mudança de penas

A muda, o processo de emergência de um instar a partir da cutícula do instar anterior, facilitado pela divisão da cutícula antiga ao longo de uma linha (ou linhas) definida(s) de fraqueza, foi observada no final de cada fase quiescente da larva, protoninfa e deutoninfa. A expansão do corpo foi uma alteração notável observada no início da muda. Seguiu-se o aparecimento de uma divisão horizontal na região dorsal média entre o segundo e o terceiro pares de patas. A divisão continuou para ambos os lados e finalmente encontrou-se ventralmente. Um impulso para trás exercido pelo indivíduo que emerge ajudou a alargar a fratura e a fazer emergir a parte posterior do corpo. Seguiu-se um novo rastejamento do indivíduo para trás, resultando no desprendimento do gnatossoma e das patas da pele em muda. Todo o processo demorou cerca de 10-12 minutos a concluir-se, sem alteração significativa da duração em diferentes condições de temperatura e humidade. A pele de muda, que cobre os dois pares anteriores de pernas, foi encontrada intacta, enquanto a parte posterior foi dividida em pedaços, raramente permanecendo intacta após a emergência da ninfa. As exúvias foram frequentemente observadas em grupos sobre a superfície da folha.

1.2.7 Fases do adulto

O macho recém-emergido era de cor amarelo-creme, caracterizado por pernas alongadas. As manchas oculares eram proeminentes e de cor vermelha. O macho sexualmente maduro era mais pequeno do que a fêmea, com um histerossoma afilado. O macho adulto era muito ativo e deslocava-se frequentemente em busca de uma fêmea deutoninfa quiescente. A fêmea adulta era maior do que o macho e tinha pernas curtas. A alimentação foi iniciada imediatamente após a muda e, nesta fase, apresentavam uma cor vermelha clara. À medida que a alimentação avançava, a cor mudava para vermelho escuro.

1.2.8 Acasalamento

O processo de transferência de esperma foi realizado através de cópula nesta espécie. O acasalamento ocorreu imediatamente após a muda da fêmea deutoninfa. Nas culturas de laboratório, os machos emergiram comparativamente mais cedo do que as fêmeas. Pouco depois de emergirem, foram encontrados a movimentar-se em busca de fêmeas deutoninfas em quiescência. Assim que um macho encontrava uma fêmea deutoninfa pronta para a muda, o macho descansava perto da fêmea, com as patas dianteiras estendidas sobre o dorso desta última. Quando aparecia uma fenda na cutícula da fêmea, o macho puxava a metade posterior da cutícula e ajudava a fêmea a sair do exúvio. Em várias ocasiões, o acasalamento ocorreu mesmo antes da conclusão da muda da fêmea deutoninfa. Durante a cópula, o macho rastejou por baixo do histerossoma da fêmea, levantando a extremidade posterior deste último. Entretanto, o macho agarrava-se firmemente à superfície da folha com as patas traseiras. A extremidade posterior do histerossoma do macho foi então mantida numa posição curva caraterística, projectando o aedeago em forma de taco para cima, para a vagina da fêmea. O acasalamento durava 2 a 3 minutos. No final do processo, o macho retraiu o aedeago e recuou. De seguida, afasta-se em busca de uma nova fêmea. Um macho inseminou uma média de 10 a 12 fêmeas durante a sua vida. A fêmea copulava apenas uma vez durante a sua vida.

1.3 Desenvolvimento partenogenético versus desenvolvimento sexual

T. neocaledonicus teve sucesso tanto na reprodução sexual como na partenogenética. A sequência de eventos envolvidos no desenvolvimento desde o ovo até à fase adulta foi semelhante em ambos os tipos de reprodução. No entanto, toda a descendência era constituída por machos no caso do desenvolvimento partenogenético, enquanto na reprodução sexuada foram produzidos machos e fêmeas com uma razão sexual de

1:10. As durações das várias fases de desenvolvimento em ambos os tipos de reprodução mostraram ligeiras diferenças e também foram influenciadas significativamente por variações nas condições de temperatura-humidade e nas plantas hospedeiras estudadas.

A duração do desenvolvimento de *T. neocaledonicus* em *A. tricolor* a 25 + 2oC & 80 + 5% RH foi em média 16.83 + 0.2 dias (Sexual - 17.2 + 0.12 & Partenogenético - 15.8 + 0.2 dias), a 30 + 2° C & 70 + 5% RH foi 13.8 + 0,15 dias (sexual - 14,0 + 0,13 & partenogenética - 13,2 + 0,08 dias) e a 35 + 2° C & 60 + 5% RH, 12,85 + 0,14 dias (sexual - 13,1 + 0,12 & partenogenética - 12,3 + 0,12 dias). Em *V. unguiculata*, as durações registadas a 25 + 2° C & 80 + 5% RH, 30 + 2° C & 70 + 5% RH e 35 + 2° C & 60 + 5% RH foram 14.73 + 0.07 dias (Sexual - 14.8 + 0.06 & Partenogenético - 14.4 + 0.08 dias), 10.25 + 0.08 dias (Sexual - 10.4 + 0.07 & Partenogenético - 9.9 + 0.08 dias) e 11.1 + 0.09 dias (Sexual - 11.2 + 0.08 & Partenogenético - 10.7 + 0.08 dias) respetivamente. No entanto, o desenvolvimento partenogenético exigiu uma duração relativamente mais curta em comparação com o desenvolvimento sexual.

Uma comparação da duração total do ciclo de vida de *T. neocaledonicus* em *A. tricolor* sob diferentes condições de temperatura-humidade permitiu registar uma duração mais curta de desenvolvimento a 35 + 2° C & 60 +

5% RH e uma duração mais longa a 25 + 2° C & 80 + 5% RH. Ao mesmo tempo, *T. neocaledonicus* produziu mais gerações em *V. unguiculata* a 30 + 2° C & 70 + 5% RH num curto espaço de tempo, provando que *V. unguiculata* é o hospedeiro preferido do ácaro.

Os resultados dos estudos de história de vida mostraram que os machos eram geralmente em menor número quando comparados com as fêmeas. Em todos os 3 conjuntos de condições de temperatura-humidade fornecidos no laboratório, a proporção entre os sexos foi de 1-2:10, o que coincidiu com a proporção entre os sexos, evidenciada através de amostragens de campo dos ácaros.

1.4 Descrição morfológica das fases de vida de *T. neocaledonicus* Andre, 1933.

No género *Tetranychus*, o empódio da fêmea está dividido distalmente em 3 pares de pêlos dirigidos ventralmente. O empódio do tarso I está amplamente separado. As cerdas dorsais do corpo são longas e delgadas com pontas pontiagudas. Aedeago curvado para cima. Apenas um par de cerdas para-anais está presente.

Ovo

Medidas: Diâmetro 116 - 120 pm

Os ovos eram esféricos, lisos, transparentes e de cor branca cremosa, quando acabados de pôr. A cor dos ovos mudou depois para amarelo pálido e, mais tarde, para laranja. Os ovos apresentavam uma cor alaranjada brilhante e uma parte do gnathosoma, manchas oculares e patas das larvas podiam ser facilmente observadas através da caixa do ovo, algumas horas antes da eclosão.

Larva

Cor: Amarelo pálido

Medidas: Comprimento: 210 - 228 pm

Largura: 128 - 168 pm

Região dorsal

Forma quase arredondada; transparente; corpo com estrias finas que apresentam variações em diferentes regiões; rostro largamente cónico e saliente anteriormente; estiletes curtos e salientes para além da região rostral; peritremes curvados distalmente e unidos basalmente sob os estiletes; 12 pares de cerdas dorsais; *P2* comparativamente mais comprida e mais robusta; cerdas *L4* mais curtas, todas as cerdas dorsais lisas e pontiagudas; pedálpebra 4 segmentada.

Região ventral

Estrias presentes; cerdas *MV1* e *MV2* presentes; zona genital indistinta; 2 pares de cerdas anais e 2 pares de cerdas para-anais presentes; cerdas para-anais comparativamente mais espessas e mais longas do que as cerdas anais; 3 pares de patas, cada uma terminando num empódio, patas 6 segmentadas, cerdas nos tarsos 1-3: 12, 12 e 10.

Protoninfa

Cor: Verde amarelado

Medidas: Comprimento: 246 - 282 pm

Largura: 182 - 237 pm

Região dorsal

Estrias presentes; rostro estreito e saliente; estiletes longos, correndo paralelamente para frente, estendidos muito além da margem anterior do rostro; peritrema como na larva; propodossoma mais largo posteriormente; pedipalpo 4 segmentado e terminando em um sensilo; cerdas dorsais 12 pares, longas, finas e lisas.

Região ventral

Setas *MV1* e *MV2* presentes; 1 par de setas pós-genitais (*POG*) longas, lisas e afiladas presentes; zona anal bem demarcada com 2 pares de setas anais e 2 pares de setas para-anais; 4 pares de patas, número de setas nos tarsos das patas 1-4: 12, 12, 14 e 14.

Deutonimfo

Cor: Vermelho pálido

Medidas: Comprimento: 332 - 364 pm

Largura : 200 - 246 pm

Região dorsal

Estrias em toda a superfície do corpo, incluindo as pernas; rostro robusto e largo; estiletes discerníveis; peritrema curvado para baixo com uma ponta em forma de gancho; região anterior do propodossoma mais direita; cerdas dorsais mais compridas do que as cerdas da face ventral; 13 pares de cerdas dorsais, 1 par adicionado de novo, todas as cerdas dorsais lisas e pontiagudas, cerdas *P2* mais compridas e *D2* mais curtas.

Região ventral

Setae *MV3* adicionadas de novo; área anal muito desenvolvida, 2 pares de setas anais e 2 pares de setas para-anais; área genital bem estriada, 1 par de setas pré-genitais (*PRG*) adicionadas de novo, *PRG* estreitas e pontiagudas; 1 par de setas pós-genitais (*POG*) presente; setas no segmento tarsal das pernas 1-4: 18, 18, 17 e 16.

Mulher adulta

Cor:Vermelho vivo

Medidas: Comprimento: 382 - 410 pm

Largura : 202 - 301 pm

Região dorsal

Estrias bem marcadas; propodossoma arredondado anteriormente; estiletes originados basalmente; pedipalpo robusto, quatro segmentos, terminando em sensilo pequeno e forte; peritrema curvado distalmente; 13 pares de cerdas longas, lisas e pontiagudas na região dorsal.

Região ventral

3 pares de cerdas (*MV1*, *MV2* e *MV3*) presentes, simples e pontiagudas; 2 pares de cerdas anais e 2 pares de cerdas para-anais presentes, as

cerdas anais mais pequenas, as para-anais longas e estreitas e localizadas lateralmente acima das cerdas anais; área genital bem desenvolvida, 1 par de *PRG*, 1 par de *POG* e um par de cerdas genitais presentes.

Perna

Pernas 6 segmentadas - coxa, trocânter, fémur, joelho, tíbia e tarso, tíbia I com 1 seta sensorial e 7 setas tácteis, tarso 1 com 2 setas sensoriais e 3 setas tácteis proximais às setas duplex, tíbia II com 1 seta sensorial e 6 setas tácteis, tarso II com 1 seta sensorial e 3 setas tácteis proximais às setas duplex.

Adulto Masculino

Cor:Amarelo cremoso

Medidas: Comprimento: 364 - 387 pm

Largura : 191 - 205 pm

O macho adulto difere da fêmea nas seguintes caraterísticas. Corpo alongado e afunilado posteriormente; botão aedeagal semelhante a uma baga e a projeção anterior arredondada mais desenvolvida do que a projeção posterior arredondada.

Perna

A tíbia I tem 3 cerdas sensoriais e 8 cerdas tácteis, o tarso I tem 2 cerdas sensoriais e 4 cerdas tácteis proximais às cerdas duplex; a tíbia II tem 7 cerdas tácteis e o tarso II tem 1 cerda sensorial e 3 cerdas tácteis proximais às cerdas duplex.

2. Desenvolvimento pós-embrionário de *T. ludeni* Zacher

2.1 Oviposição

As fêmeas adultas mostraram uma preferência geral pela superfície superior das folhas, embora não se tenha verificado uma seleção específica do local de deposição dos ovos. As fêmeas ovipositoras construíram teias de seda antes de depositarem os ovos. Em várias ocasiões, as fêmeas depositaram os ovos ao acaso nas teias. O processo de oviposição foi semelhante ao de *T. neocaledonicus.* Os ovos depositados eram solitários e dispersos na superfície das folhas. Os ovos eram esféricos e transparentes quando recém depositados. No dia seguinte, tornaram-se amarelos pálidos e, finalmente, alaranjados no terceiro dia. Antes da eclosão, parte do gnatossoma, manchas oculares e pernas da larva podiam ser vistas através da caixa do ovo.

O período de pré-oviposição de *T. ludeni* foi registado como sendo de 1,9 + 0,07 dias a 25 + 2oC & 80 + 5% RH, 0,5 + 0 dias a 30 + 2oC & 70 + 5% RH e 1 + 0 dia a 35 + 2oC & 60 + 5% RH. Os períodos de oviposição a 25 + 2° C & 80 + 5% RH, 30 + 2° C & 70 + 5% RH e 35 + 2° C & 60 + 5% RH foram, respetivamente, 5,7 + 0,26 dias, 11,5 + 0,38 dias e 10,9 + 0,75 dias. Enquanto as durações respectivas dos períodos pós-oviposição foram de 0,6 + 0,12, 0,5 + 0 e 0,8 + 0,22 para as 3 combinações diferentes de temperatura e humidade estudadas.

A fecundidade foi registada no mínimo nos dias 1st e 2nd de oviposição em condições laboratoriais. Nos dias 4th ou 5th (dias intermédios) de oviposição, a fecundidade atingiu o nível máximo e registou um declínio gradual a partir do dia 6th , atingindo o mínimo no último dia de oviposição. A fecundidade de *T. ludeni* registada para as condições de temperatura-humidade *viz, 25* + 2oC & 80 + 5% RH, 30 + 2oC & 70 + 5% RH e 35 + 2oC & 60 + 5% RH em *M. deeringiana foi de 28.3* + 2.2 (Mated 33.4 + 2.8 & Virgin 23.2 + 1.1), 83.6 + 3.4 (Mated 91.2 + 3.6 & Virgin 75 + 2.6) e 74.5 + 2.8 (Mated 81.8 + 1.7 & Virgin 67.2 + 2.3) respetivamente.

A longevidade mostrou uma ligeira mudança nas durações a 30 + 2° C & 70 + 5% RH e 35 + 2° C & 60 + 5% RH que foram registados respetivamente como 12.6 + 0.37 dias (Mated -12 + 0.35 dias & Virgin -

13.2 + 0.58 dias) e 12.7 + 0.95 dias (Mated - 12.7 + 1.3 dias & Virgin - 12.7 + 1.5 dias). Enquanto que o mesmo mostrou um ligeiro declínio a 25 + 2° C & 80 + 5% RH e foi registado como 8.0 + 0.3 dias (Mated - 8.1 + 0.48 dias & Virgin - 8.0 + 0.4 dias).

Incubação

O início do processo foi marcado por um aumento do tamanho do ovo na região equatorial. Consequentemente, surgiu uma pequena fenda nesta região, que se alargou gradualmente para ambos os lados. Mais tarde, apareceram algumas rugas na extremidade dividida da caixa do ovo. Registou-se também uma descarga de líquido do ovo. Em seguida, a fenda alargou-se gradualmente devido aos movimentos de contorção da larva, o que resultou na exposição do histerossoma da larva. A ação de empurrar do indivíduo expôs também o terceiro par de patas, que logo se fixou na superfície da folha. Depois, a larva inteira escorregou para fora dos dois pares de patas anteriores e do gnatossoma, deixando para trás a caixa do ovo. Todo o processo foi concluído num período de 10 a 12 minutos em todas as condições de temperatura e humidade estudadas.

2.2 Duração das fases de desenvolvimento

2.2.1 Período de incubação

Observou-se que o período de incubação de *T. ludeni* em *M. deeringiana* variou de 3,81 + 0,07 a 25 + 2° C & 80 + 5% RH, 2,64 + 0,06 dias a 30 + 2° C & 70 + 5% RH e 2,89 + 0,06 dias a 35 + 2° C & 60 + 5% RH.

Período larvar

A larva recém-eclodida pode ser facilmente distinguida pelo seu pequeno tamanho e pela presença de 3 pares de patas. Era a mais pequena de todas as fases de vida. Logo após a eclosão, a larva apresentava uma cor branca cremosa, com exceção das manchas oculares avermelhadas claramente visíveis. Depois de emergir, a larva permaneceu inativa durante 5 a 10 minutos e depois começou a alimentar-se. As caraterísticas da alimentação assemelhavam-se às da larva de *T. neocaledonicus.* medida que a alimentação prosseguia, a cor da larva tornava-se amarelo-esverdeada. O período larvar ativo durou 1,37 + 0,06 dias a 25 + 2° C & 80 + 5% RH, 1,06 + 0,03 dias a 30 + 2° C & 70 + 5% RH e 1,1 + 0,04 dias a 35 + 2° C & 60 + 5% RH. No final do período ativo, a larva entra numa fase inativa denominada primeira quiescência, seguida de muda e da emergência da protoninfa

Período protonimal

A protoninfa ou ninfa de primeiro estádio é um instar ativo caracterizado pela presença de 4 pares de patas. Era maior em tamanho, de cor amarela pálida com manchas esverdeadas na região dorsolateral. A alimentação começou cerca de 5 a 10 minutos após a muda da fase quiescente. O período protonífero ativo prolongou-se durante 1,5 + 0 dias a 25 + 2° C e 80 + 5% HR, 1,08 +0,06 dias a 30 + 2oC e 70 + 5% HR e 1,2 + 0,07 dias a 35 + 2oC e 60 + 5% HR. No final do período ativo, a protoninfa entrou na segunda fase quiescente, seguida do processo de muda para a deutoninfa.

2.2.2 Período deuteronómico

A deutoninfa ou ninfa de segundo estádio era ligeiramente maior do que a protoninfa. Este instar assemelhava-se ao do adulto, mas era mais pequeno em tamanho, de cor mais escura e diferia no padrão de fixação. A atividade alimentar da deutoninfa começou 5 a 10 minutos após a muda e continuou até atingir a terceira quiescência. O período deutonimático em *M. deeringiana* foi completado em 2,46 +0,03 dias, 1,87 + 0,04 dias e 1,94 + 0,03 dias a 25 + 2° C & 80 + 5% RH, 30 + 2° C & 70 + 5% RH e 35 + 2° C & 60 + 5% RH, respetivamente.

Períodos de repouso

T. ludeni entrou numa fase inativa denominada fase quiescente no final do período ativo de cada fase de desenvolvimento. Durante este período, o terceiro par de pernas foi encontrado dobrado sob o histerossoma, enquanto os dois primeiros pares estavam direcionados para a frente. Uma caraterística interessante observada nesta espécie foi a tendência de agregação durante os períodos de quiescência larvar e ninfal. As larvas que entravam em quiescência seleccionavam um local adequado sob a teia e deslocavam-se em estreita proximidade, ficando gradualmente estacionárias perto umas das outras. Subsequentemente, outras larvas e ninfas foram encontradas a mover-se para procurar posições próximas das suas precedentes. Numa agregação de instares quiescentes, o contacto corporal direto entre indivíduos vizinhos era uma caraterística comum. A colónia de indivíduos quiescentes adquiriu uma forma mais ou menos circular devido à participação de indivíduos de todas as direcções e esta estrutura permaneceu intacta até à conclusão da muda. As durações respectivas das três fases quiescentes de *T. ludeni* em *M. deeringiana* a 25 + 2° C & 80 + 5% RH foram 1.58 + 0.06, 1.29 + 0.06 & 1.08 + 0.06, a 30 + 2° C & 70 + 5% RH 0.87 + 0.06, 1.00 + 0 & 1.00 + 0 e a 35 + 2° C & 60 + 5% RH 0.96 + 0.03, 1.00 + 0 & 1.00 + 0 dias.

2.2.3 Mudança de penas

O processo de muda dos indivíduos para os estádios sucessivos de ninfa ou adulto marcou o fim da agregação. A muda em *T. ludeni* assemelhava-se à de *T. neocaledonicus*. Trata-se de um processo gradual que se completa num período de 20 a 25 minutos.

2.2.4 Fases do adulto

Os adultos recém-mudados podem ser facilmente distinguidos quanto ao seu sexo. O macho adulto era muito mais pequeno em tamanho, de cor amarela pálida e em forma de fuso. Os machos deslocavam-se mais rapidamente do que as fêmeas e foram encontrados em menor número do que estas (12:10). A fêmea adulta era muito maior do que o macho, de cor avermelhada e com o abdómen de forma cilíndrica.

Acasalamento

A cópula nesta espécie ocorreu imediatamente após a muda final da fêmea deutoninfa. O comportamento de acasalamento dos adultos assemelhava-se muito ao processo explicado no caso de *T. neocaledonicus*. Mas em *T. ludeni*, a mesma fêmea foi encontrada envolvida em acasalamentos múltiplos com diferentes machos, o que não foi observado em *T. neocaledonicus*.

2.3 Partenogénese versus desenvolvimento sexual

Tal como *T. neocaledonicus*, *T. ludeni* também realizou reprodução sexual e partenogenética. No entanto, a série de eventos envolvidos em ambas as espécies foi semelhante em ambos os tipos de reprodução. Além disso, todos os descendentes eram machos no caso de desenvolvimento partenogenético, enquanto na reprodução sexuada eram produzidos machos e fêmeas com uma proporção sexual de 1-2:10. As durações das várias fases de desenvolvimento em ambos os tipos de reprodução foram influenciadas significativamente por variações nas condições de temperatura e humidade. A duração total do desenvolvimento em *M. deeringiana* foi de 12,85 + 0,19 dias (sexual - 13,25 + 0,24 dias & partenogenética - 12,46 + 0,19 dias) a 25 + 2° C & 80 + 5% RH, 9,54 + 0,18 dias (sexual - 10.04 + 0.13 dias & Partenogenético - 9.04 + 0.13 dias) a 30 + 2° C & 70 + 5% RH e 10 + 0.17 dias (Sexual - 10.54 + 0.08 dias & Partenogenético - 9.46 + 0.1 dias) a 35 + 2° C & 60 + 5% RH. O desenvolvimento partenogenético exigiu uma duração comparativamente mais curta para as 3 combinações de temperatura-umidade consideradas.

2.4 Descrição morfológica dos estádios de vida de *T. ludeni* Zacher, 1913

Ovo

Medidas: Diâmetro 131,2 - 134,1 pm

Os ovos eram de forma esférica, lisos e transparentes quando acabados de pôr. A cor do ovo tornou-se amarela e depois laranja, antes da eclosão. As manchas oculares eram claramente perceptíveis como um par de manchas vermelhas escuras através da caixa do ovo algumas horas antes do início da eclosão.

Larva

Cor: Amarelo pálido com manchas esverdeadas

Medidas Comprimento: 205,11 - 208,91 pm

Largura : 140,42 - 145,32 pm

Região dorsal

Rostro ligeiramente saliente; estiletes curtos; peritremes quase rectos com ápice rombo; cerdas *P1* mais curtas e *P2* mais longas entre as cerdas propodossómicas; histerossoma com 9 pares de cerdas, todas lisas, alongadas e pontiagudas.

Região ventral

Cerdas medioventrais *MV1* e *MV2* presentes; área genital indistinta; região anal marcada por uma abertura longitudinal, 2 pares de cerdas anais e 1 par de cerdas para-anais presentes, cerdas anais curtas e lisas, cerdas para-anais longas e lisas.

Protoninfa

Cor: Amarelo pálido

Medidas Comprimento:350,38 - 356,22 pm

Largura: 192 - 200 pm

Região dorsal

Rostro saliente, ligeiramente mais comprido; peritremes orientados posteriormente com o ápice curvo; seta *P1* muito mais curta; 9 pares de setas histerossómicas, seta *D4* e *L4* deslocadas mais anteriormente.

Região ventral

Área genital indistinta, 1 par de seta pós-genital (*POG*) longa, lisa e pontiaguda presente; área anal semelhante à da larva.

Deutonimfo

Cor: Castanho avermelhado

Medidas: Comprimento:353 - 362.86 pm

Largura: 195 - 201,54 pm

Região dorsal

Peritremes arqueados e com o ápice curvado lateralmente; 3 pares de cerdas propodossómicas e 10 pares de cerdas histerossómicas presentes, cerdas *D5* curtas, lisas, pontiagudas e adicionadas de novo.

Região ventral

3 pares de cerdas medio-ventrais presentes, todas lisas, alongadas e pontiagudas; 1 par de cerdas pré-genitais (*PRG*) e um par de cerdas pós-genitais (*POG*) presentes, *PRG* mais longas que *POG*; região anal distinta com 2 pares de cerdas anais e 1 par de cerdas para-anais.

Mulher adulta

Cor: Vermelho

Medidas: Comprimento:365 - 400.18 pm

Largura: 250 - 320 pm

Região dorsal

Gnatossoma grande e saliente anteriormente; peritremes voltados para trás e curvados para dentro; palpo com sensilo terminal 1,5 vezes mais longo que largo, sensilo dorsal longo e delgado; cerdas idiosomais dorsais mais longas que o intervalo entre suas bases longitudinais; seta *P1* mais curta e *P2* mais longa entre as cerdas propodossomais; estrias dorsais no propodossoma bilobadas; todas as cerdas histerossomais longas e pontiagudas, seta *D5* mais curta.

Região ventral

Setae *MV1, MV2* e *MV3* presentes; seta *PRG* mais espessa do que *POG* e situada muito antes da abertura genital, seta *an1* curta e delgada; par único de setas para-anais presente.

Perna

Tíbia I com 1 seta sensorial e 9 setas tácteis, tarso I com 1 seta sensorial e 4 setas tácteis proximais às setas duplex; tíbia II com 2 setas sensoriais e 5 setas tácteis, tarso II com 2 setas sensoriais e 4 setas tácteis proximais às setas duplex.

Adulto Masculino

Cor: Amarelo pálido

Medidas: Comprimento:340 - 372 pm

Largura: 208 - 219 pm

O macho adulto distingue-se da fêmea pelas seguintes caraterísticas:

Corpo alongado, idiossoma delgado e pontiagudo posteriormente; cerdas *P1*, *P2* e *P3* mais curtas do que as da fêmea; sensilo terminal do palpo 3 vezes mais longo do que largo, sensilo dorsal delgado; peritrema na extremidade distal em forma de gancho; cerdas idiosomais dorsais finas, delgadas, 2 vezes mais longas do que a distância entre elas na base; aedeago curvado para cima em ângulo reto, terminando distalmente com um pequeno botão, botão aedeagal muito pequeno sem angulações posteriores.

Perna

Tíbia I com 2 cerdas sensoriais e 10 cerdas tácteis, tarso I com 2 cerdas sensoriais e 5 cerdas tácteis proximais às cerdas duplex; tíbia II com 1 cerda sensorial e 6 cerdas tácteis, tarso II com 1 cerda sensorial e 4 cerdas tácteis proximais às cerdas duplex.

3. Desenvolvimento pós-embrionário do ácaro do carmim, *T. cinnabarinus* (Boisduval)

3.1 Oviposição

As fêmeas depositavam os ovos em grupos, embora os ovos estivessem separados uns dos outros. A maior parte dos ovos foi depositada na parte inferior da superfície das folhas ou fixada nas teias por elas tecidas extensivamente, antes da oviposição. Os ovos eram esféricos, brilhantes e de cor amarela quando acabados de pôr. Poucas horas antes da eclosão, a cor mudou gradualmente para laranja vivo. O padrão de oviposição foi semelhante ao de *T. neocaledonicus* e *T. ludeni.*

O período de pré-oviposição de *T. cinnabarinus* em *C. papaya* a 25 + 2oC & 80 + 5% RH foi registado como sendo de 1 + 0 dia, enquanto que a 30 + 2° C & 70 + 5% RH e 35 + 2° C & 60 + 5% RH foi de 0,5 + 0 dia. Em *D. lablab*, observou-se um ligeiro aumento até 1,25 + 0,08 dias a 25 + 2° C & 80 + 5% RH, embora as durações fossem as mesmas que no caso de *C. papaya* a 30 + 2° C & 70 + 5% RH e 35 + 2° C & 60 + 5% RH. As durações respectivas da oviposição em *C. papaya* a 25 + 2° C & 80 + 5% RH, 30 + 2° C & 70 + 5% RH e 35 + 2° C & 60 + 5% RH foram 10 + 0,1 dias, 8,65 + 0,15 dias e 6,45 + 0,12 dias. Enquanto que em *D. lablab,* os períodos de oviposição foram de 9,45 + 0,17 dias, 8,05 + 0,14 dias e 6,1 + 0,07 dias, respetivamente, para as 3 combinações de temperatura-umidade estudadas. Os períodos de pós-oviposição registados em *C. papaya* foram de 2,15 + 0,07 dias a 25 + 2° C & 80 + 5% RH e 0,5 + 0 dia a 30 + 2° C & 70 + 5% RH e 35 + 2° C & 60 + 5% RH. Um ligeiro decréscimo na duração *viz.*, 1,8 + 0,24 dias, 0,65 + 0,07 e 0,5 + 0 dias pode ser observado respetivamente a 25 + 2° C & 80 + 5% RH, 30 + 2° C & 70 + 5% RH e 35 + 2° C & 60 + 5% RH em *D. lablab.*

O número máximo de ovos foi posto entre os dias 2nd e 4th do período de oviposição. Esta tendência foi comum tanto nas fêmeas acasaladas como nas virgens. No entanto, a fecundidade média foi mais elevada no caso das fêmeas acasaladas em todas as 3 combinações de temperatura-humidade e em diferentes hospedeiros. O número total de ovos postos por fêmea em *C. papaya* foi de 23,5 + 1,4 (acasaladas - 27,0 + 1,3 & virgens - 20,0 + 0,7) a 25 + 2oC & 80 + 5% RH, 40,7 + 1.8 (acasalado - 45.2 + 1.6 & virgem - 36.2 + 1.3) a 30 + 2° C & 70 + 5% RH e 33.2 + 3.2 (acasalado - 41.0 + 1.9 & virgem - 25.6 + 3.6) a 35 + 2oC & 60 + 5% RH. Em *D. lablab,* a fecundidade registada a 25 + 2° C & 80 + 5% RH, 30 + 2° C & 70 + 5% RH e 35 + 2° C & 60 + 5% RH foi de 25.2 + 1.59 (Mated - 29.4 + 1.1 & Virgem - 21.0 + 1.2), 42.5 + 2.1 (Acasalado - 47.8 + 1.9 &

Virgem - 37.2 + 1.5) e 33.9 + 3.5 (Acasalado - 41.6 + 3.5 & Virgem - 26.2 + 3.2) respetivamente.

A longevidade das fêmeas em *C. papaya* foi de 13,1 + 0,13 dias (acasaladas - 13,1 + 0,2 dias & virgens - 13,2 + 0,2 dias) a 25 + 2° C & 80 + 5% RH, 9,6 + 0,15 dias (acasaladas - 9.7 + 0.2 dias & Virgem - 9.6 + 0.25 dias) a 30 + 2° C & 70 + 5% RH e 6.2 + 0.54 dias (Acasalado - 6.1 + 0.62 dias & Virgem - 6.3 + 0.96 dias) a 35 + 2° C & 60 + 5% RH. As respectivas durações de longevidade foram comparativamente mais curtas em *D. lablab* a 25 + 2° C & 80 + 5% RH, 30 + 2° C & 70 + 5% RH e 35 + 2° C & 60 + 5% RH *viz,* 12,4 + 0,19 dias (acasalado & virgem - 12,4 + 0,3 dias), 9,2 + 0,13 dias (acasalado - 9,3 + 0,2 dias & virgem - 9,1 + 0,19 dias) e 6,8 + 0,24 dias (acasalado - 6,4 + 0,37 dias & virgem - 7,2 + 0,20 dias).

3.2 Incubação

A eclosão inicia-se no final do último dia de incubação pelo aparecimento de uma fenda, que progride para ambos os lados do ovo, resultando na separação da casca do ovo em metades iguais, superior e inferior. A formação da fenda demorou 5 a 6 minutos. A formação da fenda demorou 5 a 6 minutos, tendo sido acelerada pelo movimento ativo e pela ação de impulsão da larva emergente, que favoreceu a protrusão das suas patas e partes bucais. Mais tarde, a larva foi encontrada a debater-se para fora da casca do ovo através de um movimento para trás, utilizando as patas traseiras. Todo o processo foi concluído em 12 a 15 minutos, independentemente das variações das condições de temperatura e humidade e das plantas hospedeiras estudadas.

3.3 Duração das fases de desenvolvimento

3.3.1 Período de incubação

Verificou-se que o período de incubação *de T. cinnabarinus* variava ligeiramente em função da alteração das combinações temperatura-humidade e das plantas hospedeiras. As durações respectivas em *C. papaya* a 25 + 2° C & 80 + 5% RH, 30 + 2° C & 70 + 5% RH e 35 + 2° C & 60 + 5% RH foram de 3,58 + 0,10, 2,9 + 0,04 e 2,7 + 0,07 dias, enquanto as durações do mesmo em *D. lablab* foram de 3,5 + 0,04, 2,71 + 0,07 e 2,67 +0,07 dias, respetivamente

Período larvar

A larva era pequena, hexápode e amarelada, com um ligeiro dimorfismo sexual, especialmente na região histerossómica. A larva permaneceu imóvel durante um curto período de tempo após a eclosão e depois começou a alimentar-se. Durante a alimentação ativa, a larva penetrava os seus estiletes no tecido da folha e sugava o fluido do tecido. medida que a alimentação progredia, notou-se uma mudança na cor do histerossoma de amarelo para vermelho. A vida ativa da larva em *C. papaya* a 25 + 2° C & 80 + 5% RH, 30 + 2° C & 70 + 5% RH e 35 + 2° C & 60 + 5% RH foi registada como 1,7 + 0,07, 1,12 + 0,06 e 0,91 + 0,06 dias, respetivamente. Em *D. lablab*, as durações foram registadas, respetivamente, como 1,7 + 0,07, 1 + 0 e 0,58 + 0,06 dias. [st]Tal como as outras larvas de tetraniquídeos descritas anteriormente, a larva de *T. cinnabarinus* também passou pela primeira fase quiescente, que depois mudou para a fase ninfal ou protoninfa.

3.3.2 Período protonimal

A protoninfa distingue-se da larva pelo seu tamanho ligeiramente maior, pela coloração castanho-avermelhada e pela posse de 4 pares de patas. A protoninfa é mais ativa do que a larva. A atividade de alimentação, a quiescência e a emergência foram semelhantes às da larva. O período ativo da protoninfa em *C. papaya* durou 1,29 + 0,07, 1 + 0 e 0,75 + 0,08 dias, respetivamente, a 25 + 2° C & 80 +5% RH, 30 + 2° C & 70 + 5% RH e 35 + 2° C & 60 + 5% RH. As durações respectivas do período protonífero em *D. lablab* foram de 1,25 + 0,08, 0,79 + 0,07 e 0,73 + 0,08 dias para as combinações de temperatura e humidade estudadas.

Período deuteronómico

A fase de deutoninfa apresenta uma grande semelhança com a fase adulta, exceto no que se refere ao tamanho mais pequeno, à cor mais pálida e à diferença de setação. O dimorfismo sexual era bastante óbvio nesta fase. O histerossoma da fêmea era acentuadamente robusto devido ao desenvolvimento dos ovários, enquanto o do macho afunilava em direção à região anal. A alimentação dos deutoninfas foi voraz e prolongou-se até à quiescência. Observou-se que o período de deutoninfa ativa foi de 1 + 0 dia a 25 + 2° C & 80 + 5% RH em *C. papaya* e *D. lablab.* Foi registada uma ligeira diferença na duração de 0,75 + 0,07 e 0,9 + 0,07 dias em *C. papaya* e 0,71 + 0,07 e 0,7 + 0,08 dias em *D. lablab* para as condições de temperatura-humidade *viz.,* 30 + 2° C & 70 + 5% RH e 35 + 2° C & 60 + 5% RH respetivamente.

Períodos de repouso

Tal como *T. neocaledonicus* e *T. ludeni*, também *T. cinnabarinus* se tornou letárgico no final das fases larvares e ninfais activas. A atividade alimentar das fases de vida diminui e os indivíduos instalam-se num local adequado, de preferência perto da nervura média ou das nervuras principais da superfície da folha. O indivíduo penetrou os seus estiletes no tecido foliar e permaneceu sedentário durante todo o período de repouso. As patas ficaram retidas por baixo do corpo. À medida que a quiescência se aproximava da sua fase final, a cutícula tornava-se transparente. As durações das fases de quiescência I^{st}, IInd e IIIrd em *C. papaya* foram 1,45 + 0,04, 1,37 + 0,06 e 1,8 + 0,07 dias a 25 + 2° C & 80 + 5% RH, 0.67 + 0.07, 0.70 + 0.07 e 0.75 + 0.07 dias a 30 + 2° C & 70 + 5% RH e 0.5 + 0 dia para todos os estágios a 35 + 2° C & 60 + 5% RH. A 25 + 2° C & 80 + 5% RH, as respectivas durações de quiescência em *D. lablab* foram 1,3 + 0,07, 1,2 + 0,07 e 1,5 + 0 dias, a 30 + 2° C & 70 + 5% RH, 0,5 + 0, 0,83 + 0,07 e 0,75 + 0,08 dia e a 35 + 2° C & 60 + 5% RH, 0,5 + 0 dia para todos os 3 estádios de quiescência.

3.3.3 Mudança de penas

No final de cada fase quiescente, o indivíduo emergia para o instar sucessivo através do processo de muda. Na região dorsal, por baixo do propodossoma, surgia uma fenda que se alargava com os movimentos vigorosos do indivíduo. O indivíduo em muda desprendeu-se em seguida das exúvias e retomou as suas actividades normais. Todo o processo foi semelhante ao de *T. neocaledonicus* e *T. ludeni* e demorou cerca de 25 minutos a ser concluído.

3.3.4 Fases do adulto

O macho adulto era muito ativo, ligeiramente mais pequeno do que a fêmea, com um histerossoma em forma de cunha, com uma mancha preta em cada lado lateral. As fêmeas adultas eram maiores, avermelhadas e de forma mais ou menos elíptica. A emergência das fêmeas após a muda seguiu-se imediatamente à cópula e à alimentação ativa antes do início da oviposição. Os machos vagueavam ativamente, à procura de fêmeas para acasalamento, ou dedicavam-se a actividades de alimentação.

3.4 Acasalamento

Os machos que emergiram mais cedo do que as fêmeas foram encontrados à espera perto das fêmeas deutonimfas quiescentes. Assim que a fêmea deutoninfa iniciava a muda, o macho ajudava a descascar o exúvio da fase de muda. Quando a fêmea se tornou recetiva aos machos, parou de se mover. Imediatamente o macho rastejou por baixo do corpo da fêmea e dobrou a parte posterior do histerossoma para cima para alcançar o lado ventral do histerossoma da fêmea. A transferência de esperma foi possível pelo macho através do seu aedeago extrudido para o poro genital da fêmea. Os machos retraíram-se e deslocaram-se em busca de novas fêmeas. Os machos acasalaram frequentemente com um intervalo de poucos minutos, demorando 17 a 24 segundos, com uma média de 20 segundos. As fêmeas morriam poucas horas após a postura dos ovos. Uma observação interessante foi o comportamento canibal dos machos *de T. cinnabarinus* sobre as fêmeas da mesma espécie.

3.5 Partenogénese versus desenvolvimento sexual

Tal como registado nos ácaros estudados anteriormente, as fêmeas de *T. cinnabarinus* apresentaram dois tipos de reprodução - sexual e partenogenética. Os ovos postos por fêmeas acasaladas desenvolveram-se em machos e fêmeas, enquanto os de fêmeas virgens se desenvolveram apenas em machos. A duração total do desenvolvimento variou consoante as condições de temperatura e humidade e as plantas hospedeiras.

A duração do desenvolvimento de *T. cinnabarinus* em *C. papaya* a 25 + 2° C & 80 + 5% RH foi em média de 12,16 + 0,15 dias (Sexual - 12,4 + 0,14 & Partenogenético - 11,5 + 0 dias), a 30 + 2° C & 70 + 5% RH foi de 7.95 + 0,14 dias (sexual - 8,55 + 0,09 & partenogenética - 7,4 + 0,12 dias) e a 35 + 2° C & 60 + 5% UR 6,62 + 1,8 dias (sexual - 6,83 + 0,16 & partenogenética - 6,0 + 0 dias). Em *D. lablab*, as durações registadas a 25 + 2° C & 80 + 5% RH, 30 + 2° C & 70 + 5% RH e 35 + 2° C & 60 + 5% RH foram 11,37 + 0,17 dias (Sexual - 11,8 + 0,15 & Partenogénica - 10.8 + 0,12 dias), 7,33 + 0,13 dias (sexual - 7,5 + 0,12 & partenogenético - 6,8

+ 0,17 dias) e 6,27 + 0,15 dias (sexual - 6,4 + 0,13 & partenogenético - 5,7 + 0,25 dias) respetivamente. No entanto, o desenvolvimento partenogenético exigiu uma duração comparativamente mais curta em comparação com o desenvolvimento sexual. Além disso, observou-se que a taxa de mortalidade foi maior a 35 + 2° C & 60 + 5% RH em ambas as plantas hospedeiras estudadas.

Descrição morfológica das fases de vida de *T.cinnabarinus* (Boisduval, 1867)

Ovo

Medidas: Diâmetro 109 - 118 pm

Os ovos acabados de depositar eram esféricos, brilhantes e de cor amarela. A cor dos ovos mudou gradualmente para amarelo pálido e laranja brilhante algumas horas antes da eclosão. Através da caixa de ovos translúcida, podiam ver-se claramente manchas vermelhas nos olhos.

Larva

Cor: Amarelo pálido

Medidas: Comprimento: 144 - 156 pm

Largura : 114 - 121 pm

Região dorsal

Transparente e de forma oval; rostro alongado e saliente; peritremos alongados com ápice curvo; estiletes curtos; 12 pares de cerdas histerossómicas alongadas presentes; seta *P1* mais curta entre as cerdas propodossómicas, todas as cerdas alongadas e pontiagudas.

Região ventral

Cerdas medioventrais *MV1* e *MV2* presentes; zona anal com uma abertura longitudinal; 2 pares de cerdas anais e 1 par de cerdas para-anais, cerdas para-anais ligeiramente mais compridas do que as cerdas anais; 3 pares de patas.

Protoninfa

Cor: Castanho avermelhado

Medidas Comprimento: 175 - 190 pm

Largura : 149 - 158 pm

Região dorsal

Rostro saliente; estiletes mais longos; peritremes alongados com ápice curvo; seta *P1* muito mais curta; 12 pares de setas histerossómicas presentes.

Região ventral

Setas *MV1* e *MV2* presentes; 1 par de cerdas pós-genitais lisas (*POG*) presentes; zona anal distinta com 2 pares de cerdas anais e 1 par de cerdas para-anais; 4 pares de patas.

Deutonimfo

Cor: Vermelho

Medidas: Comprimento: 270 - 294 pm

Largura: 251 -262 pm

Região dorsal

Peritremes alongados com ápice arqueado; 3 pares de cerdas propodossómicas e 9 pares de cerdas histerossómicas presentes; cerdas dorsais mais longas do que as cerdas ventrais.

Região ventral

Setae *MV3* adicionada como nova, *MV1* e *MV2* presentes, todas lisas, longas e pontiagudas; 1 par de setas pré-genitais (*PRG*) e 1 par de setas pós-genitais (*POG*) presentes; área anal distinta com 2 pares de setas anais e 1 par de setas para-anais.

Mulher adulta

Cor: Vermelho carmim

Medidas: Comprimento: 345-371 pm

Largura : 276 - 291 pm

Região dorsal

Palpo com sensilo terminal 2 vezes mais longo que largo; propodossoma arredondado anteriormente; pedipalpo 5 segmentado; 13 pares de cerdas longas, lisas e pontiagudas na face dorsal.

Região ventral

3 pares de cerdas medio-ventrais presentes, *MV1, MV2* e *MV3* simples e pontiagudas; zona anal distinta com 2 pares de cerdas anais e 1 par de cerdas para-anais, anais curtas e para-anais longas; zona genital bem desenvolvida com 1 par de *PRG* e 1 par de *POG*.

Perna

Tíbia I com 1 seta sensorial e 9 setas tácteis, tarso I com 1 seta sensorial e 3 setas tácteis proximais às setas duplex; tíbia II com 7 setas tácteis, tarso II com 1 seta sensorial e 4 setas tácteis proximais às setas duplex.

Adulto Masculino

Cor: Amarelo esverdeado

Medidas: Comprimento: 324 - 330 pm

Largura: 201 - 217 pm

O macho adulto difere da fêmea pelas seguintes caraterísticas: Mais pequeno e delgado; eixo do botão aedeagal formando um forte ângulo com o eixo do eixo, sendo a angulação posterior igual à angulação anterior.

Perna

Tíbia I com 4 cerdas sensoriais e 7 cerdas tácteis, tíbia II com 7 cerdas tácteis, tarso I com 3 cerdas sensoriais e 3 cerdas tácteis proximais às cerdas duplex, tarso II com 1 cerda sensorial e 4 cerdas tácteis proximais às cerdas duplex.

CONCLUSÃO

A agricultura desempenha um papel importante na determinação da economia de Kerala. Sendo um Estado essencialmente agrícola, a contribuição de Kerala para o sector das culturas hortícolas é crucial. No entanto, apesar da grande diversidade de pragas nestas culturas, o conhecimento da sua composição faunística, em especial dos ácaros como pragas e outros pormenores relacionados, continua a ser muito limitado. Neste contexto, o presente estudo, embora lance luz apenas sobre a fauna de tetraniquídeos de algumas espécies selecionadas, pode ser considerado como um quadro básico para mais investigação nesta linha.

Na presente investigação, foi estudada em pormenor a associação de 5 espécies mais comuns e dominantes de ácaros de importância local com algumas culturas hortícolas economicamente importantes. O estudo elucidou ainda mais os parâmetros biológicos dos ácaros e forneceu uma descrição da influência de 3 combinações diferentes de temperatura e humidade relativa na história de vida dos ácaros. Além disso, o estudo esclareceu os hábitos alimentares das espécies selecionadas e ajudou a avaliar o potencial de danos qualitativa e quantitativamente, revelando a abundância relativa, a gama de hospedeiros, a distribuição sazonal e o padrão de distribuição da população das espécies selecionadas de ácaros nas folhas da planta hospedeira.

As partes aéreas das plantas, especialmente as folhas e os folíolos que apresentavam infestação de ácaros, foram recolhidas com a ajuda de uma tesoura e transferidas para sacos de polietileno, etiquetadas e transportadas para o laboratório. As amostras recolhidas foram examinadas individualmente num microscópio estéreo com zoom. Os ácaros vivos foram transferidos para álcool a 70% para processamento posterior ou para folhas frescas para estudos biológicos. A criação das espécies de interesse para estudos aprofundados sobre a alimentação foi feita através da sua cultura em parcelas experimentais e de controlo criadas artificialmente. Os estudos sobre os parâmetros da história de vida foram iniciados através da criação de culturas laboratoriais dos ácaros, alimentando-os com folhas da sua respectiva planta hospedeira. As culturas foram mantidas em diferentes condições de temperatura e humidade, *nomeadamente 25* + 2oC e 80 + 5% HR, 30 + 2oC e 70 + 5% RH e 35 + 2oC e 60 + 5% RH e foram feitas observações diárias sobre o modo de alimentação, danos e reprodução dos ácaros. O potencial de danos foi avaliado através da adoção de diferentes abordagens, como a estimativa da perda do teor de clorofila, a estimativa do teor de fenol, a estimativa do perfil proteico e estudos de microscopia eletrónica de transmissão. Foram realizados estudos pós-embrionários das espécies selecionadas e foram fornecidas ilustrações das fases de desenvolvimento com descrições morfológicas apoiadas por desenhos de câmara lúcida. Os vários aspectos do estudo foram apresentados em capítulos apropriados, com especial destaque para o estudo da fauna acarina associada a 40 espécies de culturas hortícolas cultivadas em diferentes localidades que abrangem 6 distritos de Kerala, estudos biológicos de 5 espécies de ácaros pertencentes a 3 géneros diferentes que revelam potencial como pragas importantes.

O levantamento da fauna acarina revelou a ocorrência de membros pertencentes a 3 ordens, Prostigmata, Mesostigmata e Oribatida. Prostigmata confirmou o máximo de inquilinos acarinos figurados por 3 superfamílias, Tetranychoidea, Tarsonemoidea e Eriophyoidea, detectados em todos os 25 locais de recolha, reivindicando assim a diversidade máxima, seguidos de perto por membros de Mesostigmata e Oribatida. Das várias espécies de Prostigmatids recuperadas, 5 espécies de ácaros representando a família Tetranychidae pertencentes a 3 géneros *viz., Tetranychus, Eutetranychus* e *Oligonychus* foram consideradas para estudos biológicos detalhados. As cinco espécies acima referidas eram *T. neocaledonicus* Andre, *T. ludeni* Zacher, *T. cinnabarinus* (Boisduval), *E. orientalis* (Klein) e *O. biharensis* (Hirst).

O estudo das plantas hospedeiras associadas à fauna de tetraniquídeos revelou 40 espécies de plantas economicamente importantes, especialmente culturas hortícolas pertencentes a 36 géneros e 22 famílias cultivadas em campos agrícolas, quintais e hortas em 25 locais diferentes, abrangendo 6 distritos de Kerala, *nomeadamente* Malappuram, Kozhikode, Kannur, Wayanad, Palakkad e Thrissur. No entanto, foram iniciados estudos pormenorizados sobre 7 espécies de plantas hospedeiras, tendo devidamente em conta a sua disponibilidade, o seu estado supremo e a gravidade da infestação de ácaros nas mesmas.

Estudos sobre a distribuição sazonal das espécies selecionadas de ácaros durante o período de estudo revelaram a sua presença ao longo do ano em níveis máximos, moderados ou escassos. *T. neocaledonicus*, *T. cinnabarinus, E. orientalis* e *O. biharensis* estiveram presentes em níveis máximos principalmente durante o verão, de fevereiro a abril ou maio, enquanto *T. ludeni* esteve presente em níveis máximos de maio a julho. O estudo da abundância relativa das espécies de ácaros revelou variações a nível interespecífico e intraespecífico. Das 5 espécies, *T. ludeni* foi considerada a espécie mais abundante em termos de densidade populacional, seguida de *T. cinnabarinus, T. neocaledonicus* e *O. biharensis* e *E. orientalis,* que ocorreram apenas em níveis baixos a escassos. Os dados sobre o padrão de distribuição diferencial dos ácaros evidenciaram a ocorrência de *E. orientalis* e *T. ludeni* na superfície superior da folha, *T. neocaledonicus* e *T. cinnabarinus* na parte inferior, enquanto *O. biharensis*, por outro lado, apresentou uma distribuição igual em ambos os lados da lâmina foliar.

Os resultados das experiências de alimentação conduzidas em laboratório com T. neocaledonicus infestando V. unguiculata e A. tricolor; T. ludeni em M. deeringiana; T. cinnabarinus em C. papaya e D. lablab; E. orientalis em M. oleifera e O. biharensis em folhas de M. esculenta reflectiram a alimentação ativa das diferentes fases de vida, perfurando as folhas e sugando o conteúdo celular. A alimentação combinada e extensiva dos ácaros resultou numa clorose aguda das folhas. A estimativa do potencial de dano das espécies acima mencionadas através da análise do teor de clorofila das folhas, em termos de perda percentual de clorofila 'a' e 'b', respetivamente, resultou em 47,58 + 2,1 % e 48,30 + 2.2 % para T. neocaledonicus, 34,57 + 2,2 % e 43,32 + 3,3 % para T. ludeni, 41,07 + 2,1 % e 50,81 + 1,6 % para T. cinnabarinus, 36,26 + 0,99 % e 35,40 + 2,0 % para *E. orientalis* e 29,40 + 1,6 % e 46,03 + 1,0 %

para *O. biharensis*. Curiosamente, esta perda foi encontrada para atingir níveis de 80% em casos de infestações severas. A análise dos fenólicos totais revelou um aumento de cerca de 2 - 2,5 mg de fenol/100 gm de material vegetal após a infestação por *T. neocaledonicus* e de 10 - 12 mg de fenol/100 gm de material vegetal após a infestação por *O. biharensis.* Estudos preliminares sobre o perfil proteico das folhas *de M. esculenta* após infestação e danos por *O. biharensis* revelaram 5 bandas proeminentes com uma concentração proteica invariavelmente mais elevada em amostras não infestadas. Isto reflectiu uma diminuição da concentração de proteínas nas folhas infestadas com ácaros, embora não se tenha registado qualquer alteração significativa no perfil proteico. Provavelmente, a degradação endógena das proteínas existentes pode ter ocorrido após a infestação por ácaros. As alterações citológicas resultantes da alimentação de *O. biharensis* em *M. esculenta*, utilizando microscopia eletrónica, mostraram uma redução no número de células e cloroplastos, alterações na estrutura celular, aumento do espaço na camada esponjosa, rutura extensiva das células do mesofilo e até redução de cloroplastos em células adjacentes não perfuradas. O impacto global da alimentação dos ácaros resultou na destruição total da maquinaria fotossintética da planta, levando ao seu colapso final. Estes resultados estabeleceram claramente a potencialidade das formas sugadoras de folhas para danificar as plantas hospedeiras.

Os estudos de desenvolvimento pós-embrionário das 5 espécies acima referidas revelaram a ocorrência de uma fase larvar e 2 fases ninfais antes de atingirem a idade adulta. Cada instar era constituído por um período ativo seguido de um período quiescente, que depois mudava para estádios sucessivos de desenvolvimento. O processo de transferência de esperma era efectuado através do acasalamento, que ocorria imediatamente após a muda da fêmea deutonimada e o processo durava 2-3 minutos. Os ovos depositados pelas fêmeas acasaladas desenvolveram-se tanto em fêmeas como em machos, ao passo que as fêmeas não acasaladas deram origem apenas a descendência masculina. Assim, o desenvolvimento partenogenético também pode ser registado em todas as 5 espécies de ácaros.

Uma observação interessante feita durante o desenvolvimento de *T. ludeni* foi a deteção de um fenómeno de agregação durante os períodos quiescentes dos imaturos. Estudos pormenorizados sobre o mecanismo do processo indicaram que o processo era iniciado por alguns indivíduos da colónia e que a remoção desses indivíduos perturbava a agregação e a continuação do processo. A existência de uma comunicação feromonal pôde ser evidenciada no presente estudo. A produção de dois tipos de pelotas fecais por *T. ludeni* foi outra caraterística especial que não foi observada no presente estudo em nenhum outro ácaro. Uma outra descoberta interessante que surgiu durante o presente estudo foi a natureza canibal dos machos de *T. cinnabarinus* sobre as fêmeas da mesma espécie após a sua morte imediatamente após a postura dos ovos. Um aspeto digno de menção do estudo foi a incidência de *E. orientalis* em *M. oleifera* e de *T. ludeni* em *M. deeringiana,* ambos novos registos de plantas hospedeiras, até agora não relatados na Índia. Outras investigações devem ter como objetivo fornecer provas incontestáveis de novas plantas hospedeiras ainda não exploradas, exigindo assim uma maior atenção a este aspeto.

Uma comparação da duração total do ciclo de vida de *T. neocaledonicus* em *A. tricolor* sob diferentes condições de temperatura-humidade permitiu registar uma duração mais curta de desenvolvimento (12,85 + 0,14 dias) a 35 + 2° C & 60 + 5% RH e uma duração mais longa a 25 + 2° C & 80 + 5% RH (16,83 + 0,2 dias). Ao mesmo tempo, *T. neocaledonicus* produziu mais gerações em *V. unguiculata* a 30 + 2° C & 70 + 5% num curto espaço de tempo (10,25 + 0,08 dias) provando que *V. unguiculata* é o hospedeiro preferido do ácaro. O período de desenvolvimento de *T. cinnabarinus* em

C. papaya (6,62 + 1,8 dias) e em *D. lablab* (6,27 + 0,15 dias) a 35 + 2° C & 60 + 5% RH permitiu registar *D. lablab* como o hospedeiro mais suscetível para o ácaro. As combinações temperatura-umidade mais favoráveis de *T. ludeni* em *M. deeringiana* foram 30 + 2° C e 70 + 5% HR (9, 54 + 0,18 dias), de *E. orientalis* em *M. oleifera (8,27* + 0,14 dias) foram 30 + 2oC e 70 + 5% HR e de *O. biharensis* em *M. esculenta* (6,83 + 0,10 dias) foram 35 + 2° C e 60 + 5% HR.

O período de desenvolvimento mais curto, com uma média de 6 a 12 dias para as 5 espécies acima referidas, ajudou-as a completar com êxito 2 a 5 gerações por mês em condições favoráveis correspondentes às temperaturas e humidades, tal como refletido na presente investigação. Estas condições podem ser identificadas como as condições ideais para a formação de populações de ácaros também em condições de campo. Isto parece explicar a razão pela qual estes ácaros se podem multiplicar e atingir o estatuto de praga, especialmente durante os meses mais secos e quentes do ano em Kerala.

REFERÊNCIAS

ADANGO (E.), ONZO (A.), HANNA (R.), ATACHI (P.) e JAMES (B.), 2006. - Demografia comparativa do ácaro-rajado, *Tetranychus ludeni,* em duas plantas hospedeiras na África Ocidental. *J. Ins. Sci.*, **6**(49): 1-9.

ALI (S.M.) e SARKAR (S.K.), 1987. - História de vida do ácaro vermelho *T. bioculatus* (Wood Mason) em Mashkalari. *Bangladesh. J. Zool.*, **15**(2): 173-176.

AMER (S.A.A.) e RASMY (A.H.), 1994. - Biologia do ácaro *Tetranychus urticae* afetada por algumas plantas resistentes. *Ata. Phytopathol. et. Entomol. Hung.*, **29**(3-4): 349-352.

ANSARI (M.A.) e PAWAR (A.D.), 1992. - Biologia do ácaro *Tetranychus ludeni* Zacher (Acari: Tetranychidae) registado no jacinto de água. - *Plant Prot. Bull.*, **42**(3): 23-31.

BADII (M.H.), VARELA (S.), FLORES (A.E.) e LANDEROS (J.), 2003 - Parâmetros de história e tabela de vida baseados na temperatura do ácaro dos citrinos do Texas em laranja (Acari: Tetranychidae). *Sys. Appl. Acarol.*, **8**: 25-38.

BANU (K.) e CHANNABASAVANNA (G.P.), 1972. - Ácaros que se alimentam de plantas na Índia. Uma descrição preliminar da biologia do ácaro *Eutetranychus orientalis* (Klein) (Acari: Tetranychidae). *Mysore J. Agri. Sci.*, **6**(3): 253-268.

BARRION (A.T.) e CORPUZ - RAROS (L.A.), 1975 - Estudos sobre os ácaros dos citrinos (Acarina) : Biologia de *Eotetranychus cendanai* Rimando (Tetranychidae) e tendências populacionais de *Brevipalpus obovatus* Donnadieu (Tenuipalpidae). *The Phillipine Entomol*, **3**(1) : 30-45.

BEAVERS (J.B.) e HAMPTON (R.B.), 1971. - Crescimento, desenvolvimento e comportamento de acasalamento do ácaro vermelho dos citrinos (Acari: Tetranychidae). *Ann. Entomol. Soc. Amer.*, **64**: 804-806.

BEGLYAROV (G.A.), 1959. - Sobre a bionomia do ácaro do espinheiro *Tetranychus crataegi* Hirst. *Rev. Entomol.*, URSS, **38**: 135-144.

BISWAS (G.C.), ISLAM (W.), HAQUE (M.M.), SAHA (R.K.), HOQUE (K.M.F.), ISLAM (M.S.) e HAQUE (M.E.), 2004. - Alguns aspectos biológicos do ácaro do carmim, *Tetranychus cinnabarinus* Boisd. (Acari: Tetranychidae) que infesta a planta de ovos de Rajshahi. *J. Biol. Sci.*, **4** (5): 588591.

BONATO (O.) e GUTIERREZ (J.), 1996. - Estratégia reprodutiva de duas das principais pragas de ácaros (Acari: Tetranychidae) da mandioca em África. *Ann. Entomol. Soc. Amer.*, **89**(5): 676-680.

BONATO (O.) e GUTIERREZ (J.), 1999. - Efeito do estado de acasalamento na fecundidade e longevidade de 4 espécies de ácaros (Acari: Tetranychidae). *Expt. Appl. Acarol.*, **23**(8): 623-632.

BONATO (O.), 1999. - O efeito da temperatura nos parâmetros de história de vida de *Tetranychus evansi* (Acari: Tetranychidae). *Expt. Appl. Acarol.*, **23**(1): 1119.

BONATO (O.), COTTON (S.K.) e GUTIERREZ (J.), 1990. - Influência da temperatura sobre os parâmetros da história de vida do ácaro amarelo da videira *Eotetranychus carpini* (Oudemans) (Acari: Tetranychidae). *Intl. J. Acar.*, **16**(4): 241-245.

BONATO (O.), SANTAROSA (P.L.), RIBEIRO (G.) e LUCCHINI (F.), 2000. - Adequação de três leguminosas para o desenvolvimento de *T. ogmophallus* (Acari: Tetranychidae). *Florida Entomol.*, **83**(2): 203-205.

BONDADA (B.R.), OOSTERHUIS (D.M.), TUGWELL (N.P.) e KIM (J.S.), 1995. - Estudos fisiológicos e citológicos da lesão do ácaro rajado, *Tetranychus urticae* K., no algodoeiro. Sudoeste. *Entomol.*, **20:** 171-180.

BOUDREAUX (H.B.), 1958. - The effect of relative humidity on egg-laying, hatching and survival in various spider mites. *J. Ins. Physiol.*, **2**: 65-72.

BOUDREAUX (H.B.), 1963. - Aspectos biológicos de alguns ácaros fitófagos.*Ann. Rev. Entomol.*, **8**: 137-154.

BOUNFOUR (M.) e TANIGOSHI (L.K.), 2001. - Efeito da temperatura no desenvolvimento e parâmetros demográficos de *Tetranychus urticae* e *Eotetranychus carpini borealis* (Acari: Tetranychidae). *Ann. Entomol. Soc. Amer.*, **94**(3): 400-404.

BOUNFOUR (M.), TANIGOSHI (L.K.), CHEN (C.), CAMERON (S.J.) e KLAUER (S.), 2002. - Teor de clorofila e fluorescência da clorofila em folhas de framboesa vermelha infestadas com *Tetranychus urticae* e *Eotetranychus carpini borealis* (Acari: Tetranychidae). *Environ. Entomol.*, **31**(1): 215-220.

BOUWMEESTER (H.J.), VERSTAPPEN (F.W.A.), POSTHUMUS (M.A.) e DICKE (M.), 1999. - Atividade da (*3S*)-(*E*)-Nerolidol sintase induzida pelo ácaro da aranha em pepino e feijão Lima. O primeiro passo dedicado na biossíntese de C11- Homoterpenos Acíclicos. *Plant Physiol.,* **121**(1): 173-180.

BOYLE (W.W.), 1957. - Sobre o modo de disseminação do ácaro das duas pintas. *Tetranychus telarius* (L.). *Proc. Hawaiian Entomol. Soc.*, **16**: 261268.

BOYNE (J.V.) e HAIN (F.P.), 1983. - Effect of constant temperature, relative humidity and simulated rainfall on development and survival of the spruce spider mite *Oligonychus ununguis. Can. Ent.*, **115**: 93-105.

BROUFAS (G.D.) e KOVEOS (D.S.), 2000. - Temperatura limiar para o desenvolvimento pós-diapausa e graus-dia para a eclosão de ovos de inverno do ácaro vermelho europeu (Acari: Tetranychidae) no Norte da Grécia. *J. Econ. Entomol.*, **93**(4): 710-713.

BUTLER (C.D.) Jr. e ABID (M.K.), 1965. - A biologia de *Oligonychus platani* em Pyracantha. *J. Econ. Entomol.*, **58**(4): 687-688.

CAGLE (L.R.), 1946. - História de vida do ácaro vermelho europeu. *Va. Agr. Expt. Sta.Tech. Bull.*, **98**: 19p.

CAGLE (L.R.), 1956. - História de vida do ácaro da aranha, *Tetranychus atlanticus* Mc.Gregor. *Va. Agr. Expt. Sta. Tech. Bull.*, **124**: 1-22.

CAREY (J.R.) e BRADLEY (J.W.), 1982. - Taxas de desenvolvimento, calendários vitais, rácios sexuais e tabelas de vida para *Tetranychus urticae, T. turkestani* e *T. pacificus* (Acarina: Tetranychidae) no algodão. *Acarol.*, **23**(4): 333345.

CHANNABASAVANNA (G.P.), 1971. - O estado atual do nosso conhecimento sobre os ácaros que se alimentam de plantas na Índia. *Proc. 3rd . Intr. Congr. Acarology,* Praga: 201204.

CHEN (W.), FU (Y.), ZHANG (F.) e PENG (Z.), 2005 - Efeito de diferentes variedades de lichia no desenvolvimento e reprodução de *Oligonychus biharensis* (Hirst). *Syst. Appl. Acarol.* **10**: 11-16.

CHIAVEGATO (L.G.), 1988. - Biologia do ácaro *Panonychus citri* (Mc Gregor 1916) (Acari: Tetranychidae), uma praga dos citrinos. *Cientifica*, **16**(1): 79-84.

CHILDERS (C.C.), ABOU - SETTA (M.M.) e NAWAR (M.S.), 1991. - Biologia de *Eutetranychus banksi*: Tabelas de vida em folhas de toranja 'marsh' a diferentes temperaturas (Acari: Tetranychidae). *Intl. J. Acar.*, **17**(1): 29-35.

COLLINS (R.D.) e MARGOLIES (D.C.), 1995. - The effect of interspecific mating on sex ratios in the two spotted spider mite and the Banks grass mite (Acari: Tetranychidae). *J. Ins. Behaviour*, **8**(2): 189-206.

CONGDON (B.D.) e LOGAN (J.A.), 1983. - Efeitos da temperatura no desenvolvimento e fecundidade de *Oligonychus pratensis* (Acari: Tetranychidae). *Environ. Entomol.*, **12**: 359-362.

CZAJKOWSKA (B.) e PUCHALSKA (E.), 2006. - *Larix decidua (Larix decidua)* e *Castanea sativa* (*Castanea sativa*) como plantas hospedeiras de ácaros-aranha (*Oligonychus ununguis* Jacobi). *Biological Lett.*, **43**(2): 307313.

DAS (G.M.), 1959. - Bionomia da aranha vermelha do chá, *Oligonychus coffeae* (Nietner). *Bull. Entomol. Res.*, **50**: 265-274.

DAS (T.K.) e GUPTA (S.K.), 1991. - Estudos biológicos sobre o ácaro dos citrinos, *Eutetranychus orientalis*, em condições de campo em Bengala Ocidental, Índia. - In: Modern Acarology Vol I. Dusbabek

(F.) e Bukva (V.) (Eds): Academic Prague e SPB Academic Publishing bv, Haia, Países Baixos, Checoslováquia: 607-612.

DHOORIA (M.S.) e SAGAR (P.), 1989. - Preliminary studies on the biology of carmine spider mite, *Tetranychus cinnabarinus* on 4 species of Japanese mint at Ludhiana, India. (G.P. Channabasavanna e C.A. Viraktamath) (Eds.), Progress in Acarology, **2**: 239-241.

DHOORIA (M.S.), 1982. - Estudos sobre a preferência de oviposição, a gama de hospedeiros e a incidência sazonal de *Eutetranychus orientalis* (Acari: Tetranychidae) em Deli. *Indian J. Acar.*, **6**: 77-83.

DHOORIA (M.S.), 1985. -Desenvolvimento do ácaro dos citrinos, *Eutetranychus orientalis* (Acari: Tetranychidae), influenciado pela idade e pela superfície das folhas de diferentes hospedeiros. *Indian J. Acar.*, **9**: 82-88.

DONAHUE (D.J.) e MCPHERSON (R.M.), 1990. - Resposta da oviposição de *Tetranychus urticae* (Acari: Tetranychidae) ao tratamento direto e ao resíduo de piretróides na soja. *J. Econ. Entomol. Sci.*, **25**(1): 158169.

DUNCAN (R.) e LINDQUIST (E.E.), 1989. - Uma produção invulgarmente abundante de teias por um ácaro que habita o salgueiro, *Schizotetranychus schizopus* (Zacher). *Can. Ent.* **121**: 1037-1039.

EHARA (S.), 1964. - The Tetranychoid mites of Japan. *Acarol*, **6**: 409-414.

EWING (H.E.), 1914 - A aranha vermelha comum ou ácaro da aranha. *Oreg. Agric.*

Exp.Sta. Bull., **121**: 95p.

FERRO (D.N.) e CHAPMAN (R.B.), 1979. - Efeitos de diferentes humidades e temperaturas constantes na eclosão de ovos de dois ácaros manchados. *Environ. Entomol.*, **8**(4): 701-705.

FU (Y.), ZHANG (F.), PENG (Z.), LIU (K.) e JIN (Q.), 2002. - O efeito da temperatura no desenvolvimento e reprodução de *Tetranychus pierci* Mc. Gregor (Acari: Tetranychidae) em bananeira. *Sys. Appl. Acarol.*, **7**: 69-76.

FUJIBAYASHI (Y.) e SEKITA (N.), 1993. - Desenvolvimento e indução de diapausa do ácaro de Kanzawa *Tetranychus kanzawai. Relatório anual da Sociedade de Proteção das Plantas*, Norte do Japão, **44**: 184-186.

GERALDO (V.J.N.), FERNANDO (S.R.) da, MANOEL (G.G.C.) Jr, 2004. - Efeito de diferentes temperaturas no desenvolvimento e reprodução de *Tetranychus abaceae* Baker & Pritchard (Acari: Tetranychidae) em *Musa sp.* cv. Prata. *Neotrop. Entomol.*, **33**(2): 149-154.

GHOSHAL (S.), GUPTA (S.K.) e MUKHERJEE (B.). 2006. - Ciclo de vida de *Tetranychus neocaledonicus* Andre em *Rhizophora mucronata* Lamk, em condições laboratoriais a temperatura controlada. *Rec. zool. Surv. India*, **106**(2): 61-65.

GOLPAYEGANI (A.Z.), SABOORI (A.), NOWZARI (J.) e KAMALI (K.). 2004. - Biologia de *Amphitetranychus viennensis* (Zacher) (Acari: Tetranychidae) na região de Baraghan de Karaj, Irão. *Acarol.*, **14**(1-2): 69-71.

GOTOH (T.) e NAGATA (T.), 2001. - Desenvolvimento e reprodução de *Oligonychus coffeae* (Acari: Tetranychidae) no chá. *Intl. J. Acar.*, **27**(4): 293-298.

GOTOH (T.), 1987. - Parâmetros da história de vida de *Panonychus ulmi* Koch (Acarina: Tetranychidae) em bambu anão. *Appl. Entomol. Zool.*, **22**(1): 112-114.

GOTOH (T.), 1988. - Ciclo de vida anual do ácaro *Eotetranychus dissectus* Ehara (Acarina: Tetranychidae) em mono maçã. *Jap. J. Appl. Entomol. Zool.*, **32**(3): 219-223.

GOTOH (T.), ISHIKAWA (Y.) e KITASHIMA (Y.), 2003. - Caraterísticas da história de vida das seis espécies de *Panonychus* do Japão (Acari: Tetranychidae). *Expt. Appl. Acarol.*, **29**(3&4): 241-252.

GOTOH (T.), SUGASAWA (J.), NAGATA (T.), 1999. - Compatibilidade reprodutiva do ácaro de duas manchas (*Tetranychus urticae)* infetado com *Wolbachia. Entomol. Sci.*, **2**(3): 289-295.

GOTOH (T.), SUWA (A.), KITASHIMA (Y.) e REZK (H.A.), 2004. - Desempenho do desenvolvimento e da reprodução de *Tetranychus pueraricola* Ehara e Gotoh (Acari: Tetranychidae) a quatro temperaturas constantes. *Appl. Entomol. Zool.*, **39**(4): 675-682.

GUPTA (S.K.), 1985. - Handbook: Plant mites of India, Sri Aurobindo press, Calcutá, Índia. 520pp.

GUPTA (S.K.), DHOORIA (M.S.) e SIDHU (A.S.), 1974. - Efeito do alimento e da temperatura no desenvolvimento, longevidade e fecundidade do ácaro vermelho da cana-de-açúcar *Oligonychus indicus* (Hirst). *Acarol.*, **16**(3): 436-440.

GUPTA (S.K.), DHOORIA (M.S.) e SIDHU (A.S.), 1976. - Abundância sazonal de *Tetranychus telarius* (Linn.) em rícino no Punjab. *Oilseeds J.*, **6**: 16-18.

HALL (F.R.) e FERREE (D.C.), 1975 - Influência da população de ácaros da aranha de duas manchas na fotossíntese das folhas de macieira. *J. Econ. Entomol.,* **68**: 517- 520.

HAQ (M.A.), 1997 - *Tetranychus macfarlanei* Pritchard e Baker em quiabos.

Ins. Envt., **3**(1): 6-7.

HAQUE (M.), WAHAB (A.), NAHER (N.) e BEGUM (A.), 2007 - Estádios de desenvolvimento do ácaro vermelho *Oligonychus coffeae* Neitner (Acari: Tetranychidae) que infesta a roseira. *Univ. J.Zool.* Rajshahi Univ., **26**: 71- 72.

HAZAN (A.), GERSON (U.) e TAHORI (A.S.), 1973. - História e tabelas de vida do ácaro da aranha carmim. *Acarol.*, **15**(3): 414-440.

HAZAN (A.), GERSON (U.) e TAHORI (A.S.), 1974. - Teias de ácaros 1 - A produção de teias em diferentes condições ambientais. *Acarol.*, **16**(1): 68-84.

HAZAN (A.), GERSON (U.) e TAHORI (A.S.), 1975. - Teias de ácaros II - O efeito das teias na eclodibilidade dos ovos. *Acarol.*, **17**(2): 270-273.

HELLE (W.), 1967. - Fertilização no ácaro da aranha de duas manchas. *Ent. Exp. and Appl.*, **10**(1): 103-110.

HERBERT (H.J.), 1981a. - Biology, life-tables and intrinsic rate of increase of the European red mite, *Panonychus ulmi* (Acarina: Tetranychidae). *Can. Ent.*, **113**(5): 65-71.

HERBERT (H.J.), 1981b. - Biologia, tabelas de vida e capacidade inata de aumento do ácaro de duas manchas, *Tetranychus urticae* (Acarina: Tetranychidae). *Can. Ent.*, **113**(5): 371-378.

HESSEIN (N.A.), 1977. - Morfologia e biologia do ácaro do carmim *Tetranychus cinnabarinus* (Boisduval) (Acari: Tetranychidae), *Lbyan J. Agri.*, **4**: 117-122.

HO (C.C.) e LO (K.C.), 1979. - Influência da temperatura na história de vida e nos parâmetros populacionais de *Tetranychus urticae*. *J. Agri. Res. China*, **28**(4): 261-271.

IATROU (G.), COOK (C.M.), STAMOU (G.) e LANARAS (T.), 1995. - Fluorescência da clorofila e teor de clorofila foliar em folhas de feijão feridas por ácaros (Acari: Tetranychidae). *Exptl. Appl. Acarol.*, **19**(10): 581- 591.

JACKSON (P.R.), HUNTER (P.E.) e PAYNE (J.A.), 1983. - Biologia do ácaro do caruncho da folha da nogueira (Acari: Tetranychidae). *Environ. Entomol*, **12**: 5559.

JANJUA (N.A.), 1942. - Sobre a biologia do ácaro vermelho (*Tetranychus telarius* Linn.) no Baluchistão. *Proc. Indian Acad. Sci.*, **15**(B): 256-262.

JEPPSON (L.R.), KEIFER (H.H.) e BAKER (E.W.), 1975 - Mites injurious to economic plants. University of California Press. Berkley, Los Angeles, Londres. 614pp.

JI (J.), ZHANG (Y.X.), CHEN (X.) e LIN (J.Z.), 2005a. - Tabela de vida da população de laboratório de *Amphitetranychus viennensis* (Zacher) (Acari: Tetranychidae) a diferentes temperaturas. *Sys. Appl. Acarol.*, **10**: 7-10.

JI (J.), ZHANG (Y.X.), CHEN (X.) e LIN (J.Z.), 2005b. - Tabela de vida da população de laboratório de *Oligonychus biharensis* (Hirst) (Acari: Tetranychidae) a diferentes temperaturas. *Ata. Arachnol. Sinica.*, **14**(1): 37-41.

KASAP (I.), 2003. - História de vida do ácaro-rajado *Amphitetranychus viennensis* (Acarina: Tetranychidae) em várias cultivares de maçã e a diferentes temperaturas. *Expt. Appl.Acarol.*, **31**(1 & 2): 79-91.

KASAP (I.), 2004. - Efeito da cultivar de maçã e da temperatura na biologia e nos parâmetros da tabela de vida de dois ácaros *Tetranychus urticae. Phytoparasitica*, **32**(1): 73-82.

KUMAR (K.K.) e PRASAD (V.G.), 1981. - Sobrevivência e desenvolvimento de *Tetranychus fijiensis* em folhas reticuladas de citrinos de diferentes idades. In: ChannaBasavanna (G.P.) (Ed.). Actas do Simpósio de Acarologia de toda a Índia, Acarol. Soci. Índia. Univ. Agric. Sci. Ind, : 55-58.

LAHAI (M.T.), EKANAYAKE (I.J.) e GEORGE (J.B.), 2003. - Teor de clorofila foliar e rendimento de raízes tuberosas da mandioca num vale interior. *Afr. Crop Sci. J.,* **11** (2): 107-117.

LAING (J.E.), 1969. - História e tabela de vida de *Tetranychus urticae* Koch. *Acarol.*, **11**(1): 32-42.

LAL (L.) e MUKHARJI (S.P.), 1978. - Biologia de *Eotetranychus uncatus* (Acari: Tetranychidae) no Norte da Índia. *Indian J. Acar.*, **3**(1); 38-42.

LAL (L.), 1977. - Estudos sobre a biologia do ácaro *Eutetranychus orientalis* (Klein) (Acari: Tetranychidae). *Entomon*, **2**(1): 53-57.

LIENK (W.), 1953. - Investigações sobre a biologia e a epidemiologia do ácaro comum, *Tetranychus altheae* von Hanstein, com especial atenção ao lúpulo como hospedeiro. *Hofchenbriefe*, **4**: 181-232.

LIU (H.) e TSAI (J.H.), 1998. - Desenvolvimento, sobrevivência e reprodução de *Tetranychus tumidus* Banks (Acari: Tetranychidae) em relação à temperatura. *Intl. J. Acar.*, **24**(3): 245-252.

MAITY (S.P.) e CHAKRABARTI (S.), 1978. - Estudos biológicos sobre *Panonychus citri* (Acari: Tetranychidae). *Indian J. Acar.*, **2**(2): 55-59.

MALLIK (B.) e CHANNABASAVANNA (G.P.), 1983. - História de vida e tabelas de vida de *Tetranychus ludeni* e do seu predador *Amblyseius longispinosus* (Acari: Tetranychidae; Phytoseiidae). *Indian J. Acar.*, **8**: 1-12.

MALLIKARJUNAPPA (S.) e NAGESHCHANDRA (B.K.), 1989. - Biologia de *Eutetranychus hicoriae* (Acari: Tetranychidae) em goiaba. *Indian J. Acar.*, **10**(1 & 2): 47-51.

MANJUNATHA (M.) e PUTTASWAMY, (1989). - História de vida de *Tetranychus neocaledonicus* em condições de estufa. *J. Acar.*, **11**(1 & 2): 35-40.

MANJUNATHA (M.), BHAT (N.S.), RAJU (G.T.T.) e NAGESHCHANDRA (B.K.), 1991. Influência de plantas hospedeiras alternativas na biologia reprodutiva de *Tetranychus neocaledonicus* Andre (Acari: Tetranychidae). In: Actas do Iº Seminário Nacional de Acarologia. Mukherjee. (A.B.), Somchoudhary (A.K.) e Sarkar (P.K.) (Eds), 347-351.

MORAES (D.G.J.), MOREIRA (A.N.) e DELALIBERA (I) (Jr.) 1995. - Crescimento do ácaro *Mononychellus tanajoa* (Acari: Tetranychidae) em hospedeiros vegetais alternativos no nordeste do Brasil. *Fla. Entomol.*, **78**(2): 350-354.

MULLER (G.F.W.), 1957. - Morfologia, biologia e controlo do ácaro da aranha do espinheiro, *Tetranychus viennensis* Zacher. *Hofchenbriefe*, **10**(1): 1-60.

NANDAGOPAL (V.) e GEDIA (M.V.), 1995. - Biologia do ácaro vermelho *Tetranychus cinnabarinus* (Boisd.) - uma praga do amendoim. *Entomon*, **20**(1): 41-43.

NANDAGOPAL (V.) e GEDIA (M.V.), 1999. - Observações pós-embrionárias sobre o ácaro branco de duas manchas *Tetranychus hypogaea* Gupta - uma praga do amendoim. *Entomon*, **24**(4): 359-362.

NEELU NANGIA, JAGADISH (P.S.) e NAGESHCHANDRA (B.K.), 1990. - Biologia e controlo de *Oligonychus mangiferus* (Rahman e Sapra) (Acari: Tetranychidae) em *Terminalia spp.*, importante planta hospedeira do bicho-da-seda. *Mysore. J. Agric. Sci.*, **23**(3): 355-358.

NEWCOMER (E.J.) e YOTHERS (M.A.), 1929. - Biology of the European Red Mite in the Pacific North-West [Biologia do ácaro vermelho europeu no noroeste do Pacífico]. *U. S. Dept. Agric. Tech. Bull.*, **89**: 70pp.

NIELSEN (F.), 1958. - Biologia do ácaro McDaniel *Tetranychus macdanieli* McGregor, no Utah. *J. Econ. Entomol.*, **51**(5): 588-592.

NORONHA (A.C.S.), 2006. - Aspectos biológicos de *Tetranychus marianae* McGregor (Acari: Tetranychidae) criado em folhas de maracujá amarelo (*Passiflora edulis* Sims f. *flavicarpa* Deg.). *Rev. Bras. Zool.*, **23**(2): 404-407.

OKU (K.), YANO (S.), OSAKABE (M.) e TAKAFUJI (A.), 2005. - Estratégias de acasalamento de *Tetranychus kanzawai* (Acari: Tetranychidae) em relação ao estado de acasalamento das fêmeas. *Ann. Entomol. Soc. Amer.*, **98**(4): 625-628.

PANDE (Y.D.) e SHARMA (B.L.), 1986. - Efeito da temperatura sobre a biologia do ácaro vermelho das cucurbitáceas *Tetranychus neocaledonicus* Andre, *Revista. Brasileira de Biologia*, **46**(3): 597-602.

PARENTE (B.) e BEALIEU (A.A.), 1957 - História de vida do ácaro vermelho europeu. *Can. Ent.*, **89**(7): 328 - 333.

PENMAN (D.R.) e CONE (W.W.), 1974. - Papel da teia, dos estímulos tácteis e da feromona sexual feminina na atração de ácaros machos de duas pintas por fêmeas deutoninfas quiescentes. *Ann. Entomol. Soc. Amer.*, **67**: 179-182.

PLOURDE (D.F.), GOONEWARDENE (H.F.), KWOLEK (W.F.) e NEILSEN (N.C.), 1983. - O efeito do ácaro vermelho europeu, *Panonychus ulmi*, no teor de clorofila e nas relações clorofila A/B das folhas de macieira, *Malus domestica* Borkh., num estudo em câmara de crescimento (Acarina: Tetranychidae). *Intl. J. Acar.*, **9**(1): 11-18.

PRASLICKA (J.) e HUSZAR (J.), 2004. - Influência da temperatura e das plantas hospedeiras no desenvolvimento e fecundidade do ácaro *Tetranychus urticae* (Acarina: Tetranychidae). *Plant Protect. Sci.*, **40**: 141-144.

PRINGLE (K.L.), DRAYTON (A.W.) e NORTHCRAFT (P.P.D.), 1994. - Biologia do desenvolvimento das formas carmim e verde de *Tetranychus urticae* Koch (Acari: Tetranychidae). *Afr. Entomol.*, **2**(2): 127-132.

PUCHALSKA (E.), 2006. - A influência de *Oligonychus ununguis* Jacobi (Acari: Tetranychidae) na atividade fotossintética e nos danos nas agulhas de *Picea glauca* "Conica". *Biological Lett.*, **43**(2): 353-360.

PUTTASWAMY e CHANNABASAVANNA (G.P.), 1980a. Efeito da temperatura e da humidade relativa no desenvolvimento e oviposição de *Tetranychus ludeni* (Acari: Tetranychidae). *Indian J. Acar.*, **4**(1): 31-40.

PUTTASWAMY e CHANNABASAVANNA (G.P.), 1980b. - História de vida de *T. ludeni* (Acari: Tetranychidae) em condições de campo. *Indian. J. Acar.*, **4**(1): 41-48.

PUTTASWAMY e CHANNABASAVANNA (G.P.), 1981. - Influência de três espécies de *Amaranthus* no desenvolvimento, fecundidade e longevidade de *Tetranychus neocaledonicus* (Acari: Tetranychidae). *Colemania*, **1**(1): 35-36.

PUTTASWAMY e REDDY (D.N.R.), 1980. - *Tetranychus neocaledonicus* Andre (Acari: Tetranychidae): uma nova praga do cardamomo.*Acarol. Newsletter*, **10**: 6.

QURESHI (A.H.), OATMAN (E.R.) e FLESCHNER (C. A.), 1969. - Biologia do ácaro da aranha, *Tetranychus evansi* Pritchard e Baker. *Ann. Entomol. Soc. Amer.*, **62**(4): 898-903.

RAHMAN (K.A.) e SAPRA (A.N.), 1946. - Sobre a biologia do ácaro dos vegetais (*Tetranychus cucurbitae* Rahman e Sapra: família, Tetranychidae). *Indian J. Agri. Sci.*, **15**(3): 124-130.

REDDY (G.V.P.) e BASKARAN (P.), 2006. - Potencial de dano do ácaro-aranha *Tetranychus ludeni* (Acari: Tetranychidae) em quatro variedades de plantas com ovos.

SADANA (G.L.), 1985. - Plant feeding mites of India, Kalyani Publishers, New Delhi, 99pp.

SAHA (K.), DEY (P.K.), SOMCHOUDHURY (A.K.) e SARKAR (P.K.), 1999. - Effect of temperature and relative humidity on the rate of development, longevity and fecundity of the red spider mite *Oligonychus coffeae*. *Indian J. Acar.*, **15**(1 & 2): 84-88.

SAIKIA (S.), HAZARIKA (L.K.) e SHARMAH (T.C.), 1999. - Variação sazonal na biologia de *Oligonychus coffeae* no chá. *J. Acar.*, **14** (1 & 2): 22-26.

SAITO (Y.), 1979. - Estudos comparativos sobre as histórias de vida de três espécies de ácaros (Acari: Tetranychidae). *Appl. Entomol. Zool.*, **14**(1): 83-94.

SAITO (Y.), 1983. - O conceito de "tipos de vida" em tetranychidae. *Acarol,* **24**: 377- 391.

SAKUNWARIN (S.), CHANDRAPATYA (A.) e BAKER (G.T.), 2003. - Biologia e tabela de vida do ácaro da mandioca, *Tetranychus truncatus* Ehara (Acari: Tetranychidae). *Sys. Appl. Acarol.*, **8**: 13-24.

SALAZAR (S.F.), CARRILLO (L.I.R.), AGUILERA (P.A.) e REBOLLEDA (R.R.), 1998. - Anticedentes biológicos de *Tetranychus urticae* Koch (Acari: Tetranychidae) em framboesa cv. Heritage em Temuco, Chile. *Revista Chilena de Entomologia*, **25**: 15-20.

SANGEETHA (G.K.) e RAMANI (N.), 2007a. - Estudos biológicos de *Tetranychus neocaledonicus* Andre (Acari: Tetranychidae) infestando *Moringa oleifera* Lam., *Bull. Pure Appl. Sci.*, **26A** (2): 51-57.

SANGEETHA (G.K.) e RAMANI (N.), 2007b. - Perda de clorofila devido à infestação por *Tetranychus neocaledonicus* Andre (Acari: Tetranychidae) em *Moringa oleifera* Lam. *J. Acar.*, **17**(1&2): 12-14.

SANGEETHA (G.K.) e RAMANI (N.), 2008a. - Desenvolvimento embrionário de *Tetranychus neocaledonicus* Andre (Acari: Tetranychidae) que infesta *Moringa oleifera* Lam. *J. Exp. Zool. India*, **11**(1): 25-27.

SANGEETHA (G.K.) e RAMANI (N.), 2008b. - Efeito da temperatura e da humidade relativa na oviposição e fecundidade de *Tetranychus neocaledonicus* Andre (Acari: Tetranychidae) - uma praga de *Moringa oleifera* Lam. *J. Exp. Zool. India*, **11**(2): 279-282.

SANGEETHA (G.K.) e RAMANI (N.), 2009. - Reproductive behaviour of *Tetranychus neocaledonicus* Andre (Acari: Tetranychidae) infesting *Moringa oleifera* Lam, Recent Trends in Animal Behaviour, New India Publishing Agency, New Delhi, 346pp.

SANGEETHA (G.K.), RAMANI (N.), SHEEJA (U.M.) e JULIE (E.), 2007. - Fecundidade do ácaro vegetal *Tetranychus neocaledonicus* Andre (Acari: Tetranychidae) em *Moringa oleifera* Lam. *Ins. Envt.*, **13**(3): 101102.

SANGITA (S.) e BHARDWAJ (S.P.), 2004. - Efeitos da temperatura e da humidade relativa na formação da população do ácaro vermelho europeu *Panonychus ulmi* (Koch) na macieira. *Ind. J. Entomol.*, **66**(3): 215-221.

SHARMA (A.) e KUSHWAHA (K.S.), 1984. - Suscetibilidade de diferentes variedades de brinjal a *Tetranychus neocaledonicus* (Acari: Tetranychidae). *Indian. J. Acar.*, **8**(2):100-103.

SIDDIG (M.A.) e ELBADRY (E.A.), 1971. - Biologia do ácaro-aranha, *Eutetranychus sudanicus*. *Ann. Entomol. Soc. Amer.*, **64**: 806-809.

SIRSIKAR (A.N.) e NAGABHUSHANAM (R.), 1989. - Biologia de *Oligonychus tylus*, uma praga potencial de ácaros do sorgo e de outros cereais. *J. Acar.*, **11**(1 & 2): 95-99.

SOBHA (T.R.) e HAQ (M.A.), 1999. - Incidência de *Tetranychus neocaledonicus* (Acari: Tetranychidae) em *Dolichos lablab*. *J. Acarol*, **14**(1&2): 73-76.

SUMANGALA (K.) e HAQ (M.A.), 2000 - Efeitos nocivos de *Tetranychus ludeni* (Acari: Tetranychidae) em *Eichhornia crassipes*. *Indian J. Environ & Ecoplan*, **3**(1): 121-126.

VASQUEZ (C.), APONTE (O.), MORALES (J.), SANABRIA (M.E.) e GARCIA (G.), 2008.- Estudos biológicos de *Oligonychus punicae* (Acari: Tetranychidae) em cultivares de videira. *Exp. Appl. Acarol.*, **45**: 59-69.

WANG (J.), ZHAO (Z.) e ZHANG (J.), 2004 - O impacto da chuva ácida simulada na planta hospedeira sobre o desenvolvimento e a reprodução de *Tetranychus cinnabarinus* (Acari: Tetranychidae). *J. Appl. Entomol.*, **128** (6): 397-402.

WEBSTER (R.L.), 1948. - Mites of economic importance in the Pacific Northwest (Ácaros de importância económica no Noroeste do Pacífico). *J. Econ. Entomol.*, **41**: 677-683.

WELTER (S.C.), 1989. - Arthropod impact on plant gas exchange. In: (Ed.) Bernays (E.A.). Insect-Plant interactions, I, CRC Press, Boca Raton, FL, 135-150.

WESTIGARD (P.H.) e BERRY (D.W.), 1970. - História de vida e controlo do ácaro amarelo da pereira no sul do Oregon. *J. Econ. Entomol.*, **63**(5): 1433-1437.

WIESMANN (V.R.), 1968. - Untersuchungen uber die Verdauungsvorgange bei der gemeinen Spinnmilbe, *Tetranychus urticae* Koch. *Z. Angew. Entomol.* **61**: 457-465.

WILSON (L.J.), 1994. - Efeito da qualidade da planta nos parâmetros da história de vida de dois ácaros, *Tetranychus urticae* (Acari: Tetranychidae), no algodão. *J. Econ. Entomol.*, **81**(6): 1665-1673.

WINSTON (P. W.) e BATES (D. H.), 1960. - Soluções saturadas para o controlo da humidade na investigação biológica. *Ecol.* **41**, 232pp.

WOOD-MASON (J.), 1884. - Report of the tea mite and tea bug of Assam, Londres, 20pp.

WU (Q.H.) e JING, 1993. - Estudo sobre a indução de diapausa no ácaro *Tetranychus cinnabarinus* (Boisduval). *Entomol. conhecimento*, **30**(6): 335-337.

YANAGIDA (H.), YUTAKA (S.), KATARD (M.) e CHITTENDEN (A.R.), 2001. - Comportamento de deposição de ovos como tática de prevenção de predadores *em Yezonychus sapporensis* Ehara (Acari: Tetranychidae). *J. Ethol.*, **19**(1): 63- 66.

YOKOYAMA (K.) e ISHII (G.), 1934. - Estudos sobre os ácaros que atacam as folhas da amoreira. 2. Morfologia e biologia de *Panonychus mori Kishida. Jap. Bull. Sericult. Jap. Bull. Sta. Japan*, **8**(9): 425-454.

YOUNG (S.S.Y.), WRENSCH (D.L.) e KONGCHUENSIN (M.), 1986. - Controlo da razão sexual por fêmeas de ácaros. *Entomologia Experimentalis et Applicata*, **40**(1): 53-60.

ZHANG (Y.), ZHANG (Z.), LIN (J.) e JI (J.), 2001a.- Observações sobre o comportamento e a história de vida de *Schizotetranychus tenuinidus* (Acari: Tetranychidae) que habita folhas de bambu em Fujian, China. *Sys. Appl. Acarol.*, **8**: 13-20.

ZHANG (Y.), ZHANG (Z.), LIN (J.), JI (J.) e HOU (A.), 2001b.- Observações sobre a história de vida de *Schizotetranychus bambusae* (Acari: Tetranychidae) infestando folhas de bambu em Fujian, China. *Sys. Appl. Acarol.*, **6**: 13-20.

MIX
Papier aus verantwortungsvollen Quellen
Paper from responsible sources
FSC® C105338

Printed by Books on Demand GmbH, Norderstedt / Germany